KB197979

니트 패션 디자인

저자 소개

이연희 이화여자대학교 장식미술학과 및 동대학원을 졸업했다(디자인학 박사). 1983년 제1회 대한민국 패션대전(현 K-패션 오디션)에서 대상을 수상하였으며, 수상자 부상으로 프랑스 에스모드파리(ESMOD PARIS)에서 스틸리즘과 모델리즘 3학년 과정을 수학, 졸업했다. 1985년 우리나라 전통 복식에 저마와 니트 소재를 융합한 디자인 개발 주제로 석사학위를 받았으며, 졸업과 동시에 계몽사 지원으로 일본 동경 Vogue사 부설 편물지도자양성학교에서 니트디자인과를 졸업하면서 전문적인 니트 디자인 교육을 받았다. 졸업 후 10여 년간 국내 남·여성복, 아동복 업체와 니트 패션 관련 아웃소싱 전문 디자인을 진행하였다.

1999년 한양대학교 생활과학대학 의류학과 교수로 부임하여 현재까지 후학 양성에 전념하였다. 2006년 2단계 BK사업에 '니트 패션 전문인력 양성사업팀'으로 지원하여 팀장 역할로 니트 패션 디자인 분야의 연구에 주력하면서 니트 패션 관련 다양한 학술연구와 활동을 하였다. 또한 (사)한국패션문화협회, (사)복식문화학회 회장을 역임하였으며, 학술 활동에도 적극 참여하고 있다.

니트 패션 디자인

초판 발행 2025년 02월 21일

지은이 이연희
펴낸이 류원식
펴낸곳 교문사

편집팀장 성혜진 | **디자인** 신나리 | **본문편집** 베이퍼 | **표지디자인** 오화원

주소 10881, 경기도 파주시 문발로 116
대표전화 031-955-6111 | **팩스** 031-955-0955
홈페이지 www.gyomoon.com | **이메일** genie@gyomoon.com
등록번호 1968.10.28. 제406-2006-000035호

ISBN 978-89-363-2653-1(93590)
정가 28,000원

이 저서는 2017년 정부(교육부)의 재원으로 한국연구재단의 지원을 받아 수행된 연구임(NRF-2017S1A6A4A01019972)

KNIT FASHION DESIGN

니트 패션 디자인 이연희 지음

머리말

니트 패션 산업은 20세기 이후 산업화에 따른 기술의 발전과 라이프스타일의 변화로 본격적으로 발전되어 근대 산업화가 급속히 이루어졌다. 최근 니트웨어는 스포츠 활동에 대한 욕구와 여가시간 활동에 적절한 캐주얼 패션의 중요한 아이템으로 많은 수요를 갖게 되었으며 드레이프성, 보온성, 활동성, 기능성을 바탕으로 스포츠 의류에서부터 다양한 제품으로 적용되면서 패션 산업 분야에 경쟁력을 더하고 있다.

니트 패션 디자인은 니트를 구성하는 다양한 원사의 활용, 게이지의 조절, 편직 과정에서 다양한 조직의 변화 등으로 다채롭고 독창적인 변화를 시도할 수 있다. 또한 여러 장식기법을 추가하여 다른 변화를 줄 수 있어 디자이너의 창의성이 돋보일 수 있는 디자인 분야로 최근 다양하고 폭넓은 디자인으로 제시되고 있다.

이러한 니트 패션 디자인은 일반적인 직물 우븐 디자인과 달리, 원사와 게이지에 따른 니팅 방법 및 조직 등의 기술력이 수반되어야 하며 니트 생산 및 기술에 대한 기본적인 지식을 갖추지 않으면 쉽게 디자인에 접근하기 어려운 상황이다. 니트 패션 제품은 기획 시 원사, 게이지, 조직, 봉제 등에 대한 전문 지식이 부족하면 디자인 전개 및 제작 과정에서 실패율이 클 수 있으며, 이에 창의적인 디자인 개발을 위한 기술력도 필요하다.

니트웨어의 범주는 일반적으로 편직 기계에 따라 횡편 니트, 환편 니트, 경편 니트 등이 있다. 티셔츠 생산에 많이 활용되는 환편 니트가 니트 산업의 가장 큰 생산량을 차지하고 있으며, 환편이나 경편 니트웨어는 편직, 가공 방법이 컷 앤 소우 방법으로 진행된다. 본서에서는 스웨터로 불리는 니트웨어, 횡편 편직의 니트웨어로 범위를 한정하였다. 니트 패션 구성요소로 원사, 게이지, 조직에 대한 설명과 현대 패션 컬렉션에 등장하는 적용 사례를 제안하여 설명하였다. 또한 전반적인 니트 패션 디자인의 제품을 진행하는 니트 제품 생산 프로세스를 제안하고 직접 실물 제작 진행을 통하여 편직과 봉제 제작 프로세스 과정을 이해할 수 있도록 샘플 작업지시서와 함께 니트웨어 제작 과정을 보여주고자 하였다. 현재 니트 산업 현장에는 일본어로도 사용되지 않는 국적 불문의 전문 용어들이 사용되고 있다. 구두로 전해져 오던 용어들이 근본 없이 사용되고 있는 것이다. 글로벌화를 지향하며 K-패션의 위상이 높아지고 있는 현재 상황에서 실무 현장에서 사용되는 전문 용어의 교육 및 보급도 시급하다. 따라서 본서에서는 이러한 용어를 조사·수집하여 영문이나 국문으로 표기하였다.

구체적인 방법으로 다양한 니트 원사 소재의 종류를 조사·수집하고 원사별 소재 스와치를 편직하여 원사의 상태와 편직 후 상태를 비교, 이해할 수 있도록 하였다. 또한 게이지에 대한 이해를 위하여 동일한 원사의 합사(ends)를 활용한 로우게이지, 미들게이지, 하이게이지별 스와치를 편직하고 중량을 비교하여 제안하였다. 다음으로 디자인 시 중요한 다양한 니트 조직에 대한 이해를 위하여 니트의 기본 조직, 변화 조직별 각각 스와치를 편직하여 제시하였다. 조직 물성에 대한 이해를 돕기 위해, 각 조직별 원사, 편침, 회전수(단수)를 동일하게 편직하고 비교하였다. 컬러 활용을 위한 조직으로 7종류의 컬러 자카드 조직과 인타시아 편직도 동일한 조건으로 편직하였다. 이러한 니트 패션 구성요소를 적용한 현대 니트 패션 디자인을 사례를 통하여 설명하였다.

다음으로 니트 편직 후 니트웨어를 제작 완성하는 과정을 소개하였다. 제작 기법은 니트 패션 산업 현장에서 가장 많이 활용되는 풀 패셔닝 니트로 편직하여 제작 완성을 진행하였다. 니트웨어 제작용 링킹 기계를 활용한 네크 리브단 등의 부속 연결, 스팀 등의 진행 과정을 사진 자료와 함께 제안하여 이해를 돕도록 하였다.

니트 제품은 디자인 시 그 샘플 작업이나 실질적으로 다양한 디자인 개발에는 많은 시간과 경비가 요구된다. 최근 디지털 패션의 활용으로 3D 가상착의 프로그램이 많이 활용되고 있다. 세계적인 니트 기계 회사인 일본의 시마세이키(Shima seiki)사나 독일의 스톨(STOLL)사 등에서는 컴퓨터 니트 편직과 디자인을 위하여 개발된 최신 컴퓨터 시스템들의 장비들을 갖추고 니트 패션 시장을 선도하고 있다. 국내 대부분의 컴퓨터 편직기들도 이 2개 회사의 편직기가 수입되어 사용되고 있다.

본서에서는 여러 가지 니트웨어의 작업을 CAD 프로그램으로 원사와 게이지, 조직 등을 활용한 시뮬레이션 과정을 설명하여 이해를 돕도록 하였다. 니트 디자인을 위한 원사 개발, 니트 조직 개발, 디자인 기획 등의 작업이 가능하며, 3D-시뮬레이션 기능은 니트 디자인 프로세스를 효율적으로 단시간 내에 진행해 나갈 수 있도록 하는 편리한 기능으로, 이러한 시스템 및 신기술 기능을 활용한다면 기초적인 지식만으로도 니트 디자인에 대한 접근이 용이할 것이며, 니트 디자인의 다양한 조직과 새로운 디자인을 개발하는 데 도움을 줄 수 있을 것으로 기대한다.

마지막으로 니트 패션의 구성요소인 원사, 게이지, 조직 등을 활용한 다양한 디자인을 전개 제작하여 니트 패션 디자인 활용의 다양성을 제안하였다. 원사 활용, 게이지 활용, 다양한 조직의 활용으로 변형 리브 조직 활용, 다양한 조직의 변화, 케이블 조직 활용 디자인, 자카드 조직 중 페어아일 문양 활용 플로팅 자카드, 튜뷸러 자카드 활용, 인타시아 활용 디자인 등 13가지 디자인을 제작하여 니트 패션 디자인의 다양성을 제안하였다.

본서의 작업에 도움을 주신 박영자 교수님, 이윤미 교수님, 한영여자대학교 니트패션연구소, ㈜세니드 니트, ㈜인티모, 시마세이키코리아㈜, 퍼스트뷰코리아, 출판을 맡아주신 ㈜교문사에 감사의 인사를 전한다.

2025년 2월

저자 이연희

KNIT FASHION DESIGN

차례

PART 4. 니트 패션 디자인 전개

PART 1

니트의 개념 및 발달

1. 니트의 개념 및 분류
2. 편직기의 구조 및 편성 원리
3. 니트 패션의 변화 및 발전
4. 니트 패션 관련 용어

PART 1

니트의 개념 및 발달

1. 니트의 개념 및 분류

니트(Knit)의 사전적 의미는 동사로는 "뜨다 · 짜다"라는 뜻이고, 명사로는 "짜인 물건 · 짜인 제품"을 의미한다. 니트는 앵글로색슨(Anglo Saxon)어인 cynttan, kotten, netten, chitten, knetten 등에서 유래한 단어이며, 루프(loop)가 연결되어서 형성되는 것이다● 그림 1. 넓은 의미로는 재료와 기법을 불문하고 모든 것의 편직물을 가리키지만 좁은 의미로는 실 또는 끈 상태의 소재로 루프를 형성하여 연결한 선이나 면 상태로 구성하는 방법 및 제품을 뜻하기도 한다(Eve Harlow, 1979). 니트의 동의어로 사용되는 메리야스의 어원은 스페인어의 메디아스(medias)와 포르투갈어의 메이아스(meias)에서 유래하였으며, 양말을 뜻하는 영어의 호스(hose) 또는 호저리(hosiery)에 해당된다. 국내에서 통용되는 니트 관련 용어는 니트웨어, 메리야스, 편성물, 편물, 편직, 스웨터(sweater), 저지(jersey) 등을 들 수 있다(전현옥, 2001).

니트 제품은 일반 우븐 직물과는 달리 제품의 종류가 편직 기계에 따라 다르게 생산되기 때문에 용도에 맞는 편기를 사용해야 그에 맞는 다양한 제품을 개발할 수 있다. 니트 편직물은 연결된 루프 특성으로 직물과는 다른 신축성, 드레이프성, 다공성, 유연성 등과 같은 대표적인 특성을 갖는다. 니트의 조직은 편침으로 실을 공급받아 새로운 코를 형성하는데 니트(knit), 턱(tuck), 웰트(welt), 랙킹

(racking), 트랜스퍼(transfer)를 바탕으로 다양한 형태의 조직을 만들어 낸다(홍명화, 최경미, 2009).

니트는 편성 방법과 편직 방법에 따라 분류할 수 있으며, 편성 방법은 편직기 기준과 봉제 방법 기준으로 나눠 볼 수 있다. 편성 방법에 따라 수편과 기계편으로 나누고, 편직 방법의 니트 조직에 따라 일반적인 위편과 경편으로 분류할 수 있다. 위편기는 가로 방향으로 원사가 왕복으로 움직이거나 둥글게 환편의 형태로 편성되기도 한다.

기계에 의한 니트 조직은 니트를 편직하는 방법으로 루프의 구성이나 배열 상태, 급사 방식에 따라 위편기와 경편기로 나뉜다. 위편 니트는 급사하거나 루프 형성 시 같은 편직 사이클로 베드에 고정되어 있는 모든 바늘이 연속적으로 움직인다. 니트 기계는 크게 편침이 직선으로 정렬되어 있는 횡편기●그림 2와 편침이 원형으로 배열되어 있는 환편기●그림 3, ●그림 4로 나뉜다. 이는 한 가닥의 실이 급사되어 베드에 있는 모든 바늘이 연속적으로 움직이며 편직이 이루어지는데, 편직 베드(편직판)가 일자형이거나 원형인 차이가 있다(이승아, 이연희, 2012). 횡편기는 바늘이 가로 일직선상으로 가지런하게 배열되어 있어서 바늘이 앞뒤로 이동하면서 편성되며, 환편기는 바늘이 둥글게 배열되어 있어 원통형의 편성물이 얻어지고 직물과 같이 재단과 봉제에 의해 제품을 만들게 된다. 1970년 중반 컴퓨터 전자 편직기의 등장으로 다양한 편직이 가능해졌다. 독일 스톨(STOLL)사의 전자 컴퓨터 횡편기(flat electronic machine)●그림 5와 일본 시마세이키(Shimaseiki)사의 전자컴퓨터 횡편기●그림 6가 대표적이며, 최근에는 한 벌의 니트로 편직되어 봉제가 필요 없는 무봉제(whole garment) 편직기도 개발되어 혁신적인 기술력을 겸비한 니트 편직기가 등장하여 활용되고 있다.

우리가 일반적으로 알고 있는 스웨터 니트의 위편성물은 한 가닥의 실이 고리를 엮으면서 좌우로 왕래하여 평면상의 편성물을 만들거나, 원형 환편기로 니팅하면서 원통상의 환편용 니트 편성물로 편직한다●그림 7. 경편 니트는 트리콧 편기, 라셀 편기 등으로 분류되며, 직물에서와 같이 많은 경사를 사용하고, 이들 경사들이 고리를 만들면서 좌우에 있는 실을 엮어 만들어지는 편성물을 경편성물●그림 8이라 한다(김성련, 2009).

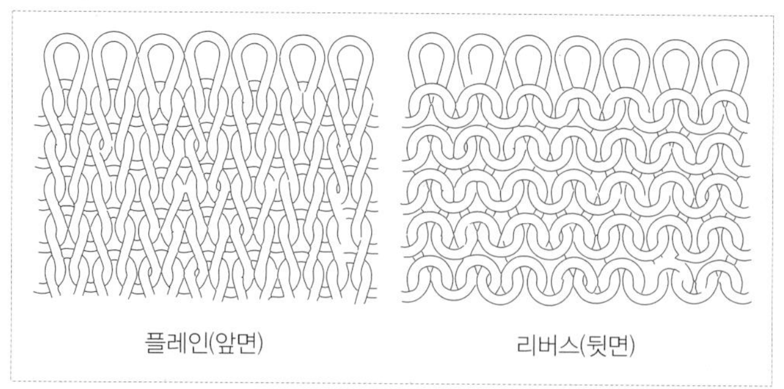

그림 1
위편 니트의 평편 조직

그림 2
V베드 횡편기

그림 3
전자 환편기

그림 4
국내 최초로 개발된 48게이지급 싱글환편기

그림 5
독일 스톨 전자의 컴퓨터 횡편기

그림 6
일본 시마세이키의 전자컴퓨터 횡편기

그림 7
경편기(좌)와 경편조직(우)

그림 8
경편 니트 기본 조직

2. 편직기의 구조 및 편성 원리

니트 편직기의 편침, 즉 바늘의 구성은 훅(hook)과 래치(latch)의 역할로 '코(stitch)' 라고 부르는 루프를 형성한다. 편침 바늘 끝 부분에 갈고리같이 생긴 것을 훅이라고 하며 실을 걸어 루프를 만드는 역할을 한다. 편침은 상하좌우로 굽어 있거나,

닳거나, 홈이 있으면 실을 정상적으로 걸지 못하며 편직이 이루어지지 않는다(이인성, 범서희, 2008). 편침 바늘의 각 부분은 서로 긴밀한 연관성을 갖고 있으므로 어느 한 부분이라도 이상이 생기면 편물의 형성이 불가능하다. 래치는 바늘의 머리와 몸체 사이를 덮개 형식으로 연결시킨 것으로, 래치를 움직여 훅의 닫힘과 열림으로 루프가 형성된다●그림 9, ●그림 10. 훅에 걸려 있던 원사의 루프가 몸체에 걸리면서 래치가 닫히는 동시에 몸체에 걸려 있는 편물의 루프가 래치바늘 머리를 벗어나 새로운 1단을 형성한다●그림 11(Juleana Sissons, 2010).

그림 9
편침 바늘의 구성

그림 10
니트 편기의 편침 바늘

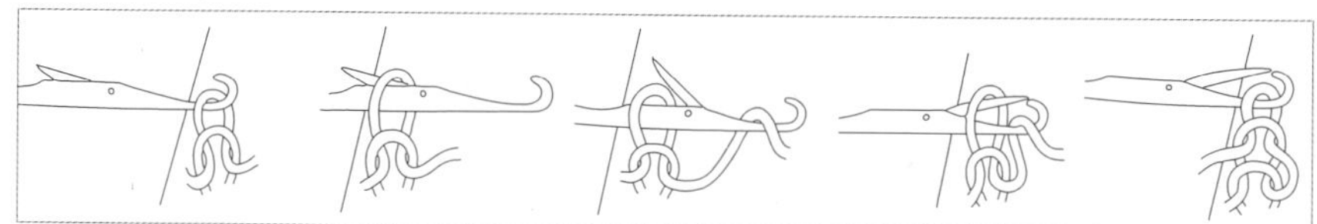

그림 11
니트 편직기의 바늘, 훅과 래치의 작동

바늘의 바디 몸체 스템(stem)은 래치 바늘판 홈에 들어가서 래치바늘 밑동의 조정을 받아 바늘 전체가 상하로 오르내릴 때 좌우로 움직이지 못하게 한다. 그러나 몸체가 래치바늘 홈에 꼭 끼면 안정 운동을 저지시키고, 래치바늘 홈과 몸체의 간격이 너무 벌어지면 바늘이 좌우로 움직여 그 기능을 상실하므로 편기의 게이지에 맞는 것을 끼워야 한다.

3. 니트 패션의 변화 및 발전

니트의 역사는 확실하지는 않으나 기원전 1000년경 사람들은 손으로 편직을 하였다고 전해지며, 오랜 세월 동안 우리를 보호해주었다. 14세기에 마스터 버트램(Master Bertram)의 작품에서 마리아가 4개의 대바늘을 이용하여 니트를 짜고 있는 모습의 초상화●그림 12는 바탕으로 예전부터 니트가 있었다는 증거를 제공한다(Juleana Sissons, 2010). 16세기경에는 니트란 용어가 사용되기 전으로 메리야스란 말이 사용되었으며 완전한 니트가 만들어진 것은 기원후 3세기경의 것으로 추정되며 유프라테스 강변에서 발견된 황갈색 수편물 조각과 4세기경의 것으로 추정되는 아라비아 지방에서 발견된 적색 수편 샌들 양말이 가장 오래된 것으로 남아있다. 또한 이집트의 묘에서 4~5세기의 것으로 판단되는 양말 모양의 니트가 발견되었다.

그림 12
〈천사의 방문(뜨개질하는 마돈나)〉, 멘덴(Menden)의 마스터 버트램 作 (1400~1410)

그림 13
윌리엄 리의 양말 수편기(1589)

16세기 말에는 수편물의 기계화가 시도되어 1589년 영국의 목사 윌리엄 리(William Lee)가 발로 밟아서 뜨는 식의 수동식 양말 편기를 발명하게 되면서 니트가 대중적으로 퍼져나가는 계기가 되었다(최경희, 2005)●그림 13. 윌리엄 리의 편물 기계 발명 후로 니트 제품의 수요가 증가하였고, 근대 니트 공업에 커다란 역할을 하였다. 1775년 영국의 에드먼드 크레인(Edmond Crane)이 최초의 트리코트 경편기를 발명하였고, 1849년 영국인 매슈 타운센드(Mathew Townsend)가 래치 편침(Letch needle)의 원형 편기를 발명함에 따라●그림 14 니트 산업의 기계화가 이루어지는 데 기여했다.

그림 14
니트 작업용 프레임

현대 니트 패션은 20세기에 들어서서야 패션의 한 분야로서 인정받기 시작하였다. 20세기의 과학기술 문명의 발달과 더불어 편직 기계의 발달과 니트 소재의 다양한 개발은 오늘날 많은 디자이너들이 그들의 컬렉션에 새로운 스타일을 선보이게 되는 계기가 되었다. 니트 패션의 오랜 역사에도 불구하고 니트 패션이 현대적 의미의 패션으로서 대중화되고 본격적으로 발전된 것은 1920년대 이후이다.

가브리엘 샤넬(Gabrielle Chanel)은 당시 주로 남성 내의류와 노동복의 재료로 사용되던 저지를 아름다움에 대한 재인식으로 여성 패션에 처음으로 사용하였으며●그림 15, 신축성과 함께 편안함과 실용적인 저지는 오늘날까지 여성복에서 중요한 소재로 사용되고 있다. 샤넬은 어부들이 착용하였던 저지로 편안하고 기능적인 패션을 발표하면서 니트 패션을 발전시켰다. 기능성과 실용주의 패션으로 니트 카디건, 니트 재킷, 니트 소재의 주름치마 등 샤넬 스타일은 편안함, 넉넉함 등의 많은 남성적 요소들로 구성되었으나 여성스럽고 우아하게 표현되었다(Lisa

Donofrio-Ferrezza, Marilyn Hefferen, 2008)●그림 16. 또한 스포츠의 열풍과 함께 니트 소재가 인기를 끌었으며, 샤넬과 함께 1920년대에 활동한 장 파투(Jean Patou)가 니트 소재의 수영복을 발표하였다. 이는 스포츠의 열풍으로 당시의 유명한 테니스 선수였던 수잔 렝글러(Suzanne Lengler)가 착용하여 패션에 커다란 영향을 주었다.

1930년대는 사회적으로 대공황과 30년대 중반의 뉴딜 정책, 교통, 통신의 발달로 예술의 대중화, 특히 영화의 보급은 패션에 막대한 영향을 미쳤다. 대공황으로 일자리를 잃은 여성들이 가정으로 돌아오면서 복식은 다시 여성스러움이 강조되어 전체적으로 길고 홀쭉한 슬림형의 여성적 실루엣이 유행하였다. 엘사 스키아파렐리(Elsa Schiaparelli)는 착시를 이용한 스카프를 두른 모양의 트롱프뢰유(trompe l'oeil) 니트 스웨터를 발표하였으며 이는 대유행을 가져오기도 했다(Richard Martin, 1988)●그림 17. 또한 가슴에 큰 보우를 붙인 흑백의 스웨터, 목에 감는 화려한 색의 행거치프(handkerchief), 신사용의 색상이 있는 타이와 허리둘레를 감는 행거치프 등을 잇달아 발표해 유행시켰으며, 패션에 새로운 개념을 불어넣어 패션계에 활기를 가져다주었다. 횡편기로 편직되어 제작된 여성의 니트 비키니는 1946년 프랑스에서 처음 착용하기 시작하여 1960년대에 라이크라(lycra)가 생산될 때까지 유행하였는데, 〈보그(Vogue)〉지에 실린 1941년의 클레어 멕카델(Claire McCardell)의 니트웨어●그림 18에서 볼 수 있다(Lisa Donofrio-Ferrezza, Marilyn Hefferen, 2008).

1950년대는 스포츠웨어와 세퍼레이트(Seperate) 아이템이 유행하였고, 안에 받쳐 입는 폴로 넥이 인기를 얻었다. 또한 1950년대 중반에는 기품 있고 우아한 드레스 스타일과 여성스러운 스웨터 걸(Sweater girl) 스타일의 등장과 함께 다양한 스타일이 유행하였다. 짧은 팬츠와 하이힐과 함께 착용한 바디스에 꼭 맞는 스웨터는 외설스러운 것처럼 생각되었으나 여대생들에게 인기가 있었다. 1950년대 중반은 미소니●그림 19가 크게 활동하였으며 베네통, 스테파넬 등 니트웨어 디자이너들이 다양한 종류의 니트웨어 제품을 생산하면서●그림 20 본격적으로 대중적인 캐주얼 니트웨어들이 등장하기 시작했다(최경희, 2005).

그림 15
니트 저지 소재의 상의를 착용한 샤넬

그림 16
니트 투피스를 착용한 여성, 샤넬 & 장 파투

그림 17
트롱프뢰유 니트

그림 18
클레어 맥카델이 디자인한 니트 비치웨어

그림 19
미소니(1950)

그림 20
니트 패션 착용 베네통 홍보 자료

니트는 더욱 타이트해지면서 리브 조직의 유행으로 몸에 밀착되어 힙이 더욱 강조되는 등으로 나타났다. 1964년 발표된 영국의 메리 퀀트의 미니스커트는 노출된 각선미를 살리기 위한 타이즈와 부츠의 유행을 가져왔으며 ●그림 21, 1963년 미국인 램(I. W. Lamb)의 자동침을 사용한 횡편기의 발명으로 전자식 무늬 작성 방식의 실용화를 가져왔다. 또한 1963년 모라토(Morat)사가 전자식 자동제어기를 개발한 후 컴퓨터 니트 시대가 도래하였다(Lisa Donofrio-Ferrezza, Marilyn Hefferen, 2008).

1970년대에는 복고풍의 로맨티시즘을 표현한 레이어드 룩이 유행하였고, 히피풍의 에스닉하며 그래니 룩(granny look)으로 전원풍의 두껍고 거칠게 짠 듯한 니트웨어가 유행하였다. 또한 1970년대 패션은 블루진의 대중화와 함께 남녀노소 모두 블루진을 착용하기 시작하였으며 이러한 영향으로 '바지의 시대'라고 표현해도 좋을 만큼 다양한 바지가 나타났는데, 블루진의 유행과 함께 유니섹스 룩이 대두되면서 티셔츠와 니트가 선호되는 아이템으로 자리잡았다.

스포츠웨어의 성장에 힘입어 신체를 억압하는 스타일이 점차 없어지고 더욱 편안한 의상에 대한 추구가 가속화되었으며, 니트웨어는 무늬를 넣은 스웨터, 긴 카디건, 니트 팬츠, 니트 모자와 니트 스커프 등 다양한 아이템과 디자인으로 대중화되었다 ●그림 22. 미소니(Missoni)는 경편 니트를 활용한 자카드, 기하학적 문양과 패치워크 등으로 독자적인 이미지를 굳혀 이탈리아 니트웨어의 심볼로서 전세계에 부각되었다. 이 밖에도 소니아 리키엘(Sonia Rykiel), 재클린 재콥슨(Jacquelien Jacobson), 미국의 랄프 로렌(Ralph Lauran) 등의 디자이너들에 의해 니트가 대중화되어 인기있는 제품이 되었다. 1975년에 독일의 스톨사가 횡편기 컴퓨터 타입의 'Anv'를 개발함으로써 자동 컴퓨터 니트 시대가 본격화되었다(Lisa Donofrio-Ferrezza, Marilyn Hefferen, 2008).

1980년대에는 경제적인 여유와 함께 1970년대의 오트쿠튀르, 프레타포르테 산업이 번성하였으며 남성 복식, 클래식한 의상, 전위적인 의상 등의 여러 스타일과 상반된 요소들이 동시에 유행하는 현상을 보였다. 다양한 양식을 혼합하여 표현하는 포스트모더니즘은 패션에서도 주류를 이루었다. 70년대부터 파리에서 활동하던 일본 디자이너들의 활약으로 비구축적인 디자인이 1980년대 초반에 유행되었으며, 디자이너들에 의해 드레이프성이 좋은 편성물들이 해체주의적 디자인에 활용되었다●그림 23. 니트에 대한 선호는 급증하여 가장 여성적이고 실용적이라는 인식 속에 포멀한 정장과 활동적인 팬츠에서 건강과 몸매 관리에 대한 관심이 높아짐에 따라 스포츠 의류까지 다양하게 인기를 더하였다●그림 24. 민속풍의 자카드 무늬 등이 응용되었으며 니트의 기술 혁신 및 문양의 전문화를 이루었다. 각종 편물 기계들은 지속적으로 개발되어 컴퓨터 기술의 전자동 시스템으로 디자인에서 편직까지 모두 컴퓨터의 도움을 받아 수행되어서 니트웨어의 다양화, 고급화에 이르게 되었다(채금석, 1999).

1990년대에는 계속되는 포스트모더니즘 사조의 영향으로 다양한 스타일이 혼합되는 양상으로 발전하였다. 이에 따라 새로운 소재 개발과 함께 컴퓨터 전자동 니트 기계의 출현과 함께 다양한 조직이 정교화되고 다품종 소량 생산이 가능해짐으로써 개성 있고 다양한 스타일로 니트의 패션화가 이루어졌다. 이세이 미야케(Issey Miyake)는 니트의 유연한 특성을 활용하여 A-POC 메이킹, 한 장의 천(A Piece of Cloth)을 개발하였으며●그림 25, 평면 재단하여 그것을 몸에 걸쳐 형성되는 자연스러운 형태의 라인으로 착용하는 사람과 착장법에 따라 자유로운 형태의 변형이 가능한 비정형적 구조의 니트 패션을 발표하였다.

2000년 이후 21세기에 들어서며 4차 산업혁명과 함께 패션 분야에도 디지털화가 가속화되고 있으며, 니트 패션 분야에서도 무봉제의 편직이 시작되어 편직기에서 니트웨어가 완성되기도 한다. 이는 3차원적인 편직 방법으로 편직 후 제작을 하지 않아 시간과 경제적인 측면에서 효율성의 혁신을 가져왔다●그림 26. 또한 니트 제품이 출하되어 일반 소비자의 판매 반응을 보고 판매 수량을 늘릴 수 있는 생산시스템을 가능하게 한 니트 제품의 새로운 혁명이라 할 수 있다. 무봉제 니트의 특징은 기술적인 면에서 고도의 디자인보다 간편한 니트웨어 디자인 제품에서 더 효율성을 발휘하고 있다. 또한 가상착의 시뮬레이션 작업을 활용하여 샘플 제작의 단계를 줄여주는 역할과 함께 다양한 니트 패션을 제안할 수 있는 환경이 조성되었다.

그림 21
메리 퀀트와 니트 소재 미니스커트

그림 22
이세이 미야케의 니트웨어(1974)

그림 23
레이 카와쿠보의 레이스 스웨터(1982 F/W)

그림 24
티에리 뮈글러의 스키복(1981)

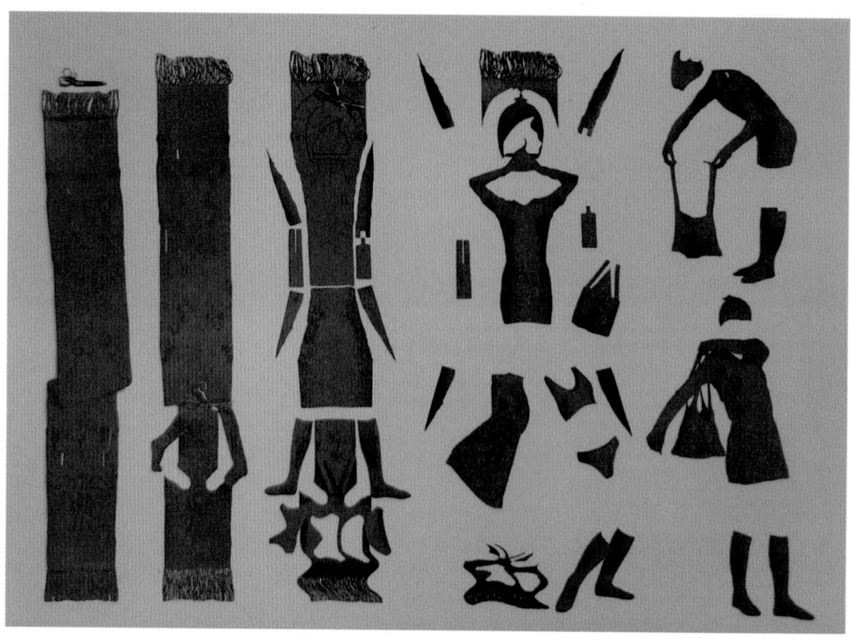

그림 25
이세이 미야케의 A-POC 메이킹

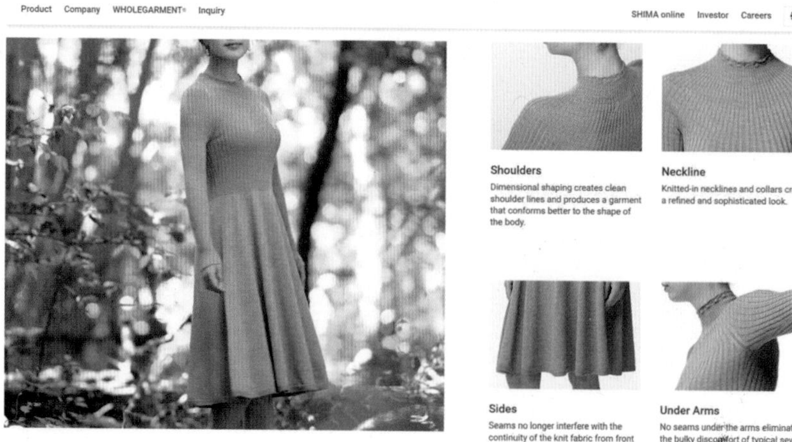

그림 26
홀가먼트 니트웨어

4. 니트 패션 관련 용어

현재 니트 패션 산업에서는 일본어나 국적 불명의 용어들이 여전히 사용되고 있으며, 그러한 용어들이 전문적 용어로 잘못 인식되어 있다. 이에 니트 패션과 관련된 용어를 니트 제작 현장 조사와 해외 전문 서적 조사를 통하여 정리해보고자 한다. 일반적으로 많이 활용되는 니트웨어 관련 용어와 편직 및 봉제 제작 시 사용되고 있는 용어를 정리하면 다음과 같다.

1) 니트웨어 관련 용어

- 횡편기, 요꼬: 요꼬는 '가로'를 의미하는 일본어로, 일반적인 횡편기●그림 2, 즉 일반적인 니트웨어, 스웨터 종류를 편직하는 기계를 의미한다. 환편은 다이마루, 일본어의 원통형을 의미하는 마루의 용어로 환편기●그림 3로 편직된 일반적인 저지 원단을 의미한다.
- 메리야스: '플레인 평편 조직'을 의미하기도 한다. 메리야스의 어원은 포르투갈어의 'medias'로, 원래는 '양말'이라는 뜻이었으나 일본에서 처음 양말 제조에 사용된 조직만을 일컬어 불리던 것이 우리나라에 그대로 들어오면서 그 의미가 넓어져 양말 조직뿐만 아니라 내의류 등까지 포함되었다.
- 저지: 15세기경 영국 해협의 저지 섬에 사는 어부의 아내들이 손으로 짠 니트 셔츠나 튜닉이 어원이 되었다. 산지명이 상품명이 되었는데 현재는 평편 조직을 의미하며, 상업적으로 하이 게이지로 짜인 겉옷으로 사용 가능한 모든 편성물을 뜻한다.
- 스웨터: 1880년경 무명의 한 영국 신사에 의하여 이름이 붙여졌다. 운동선수들이 땀을 빠지게 하는 목적으로 입었던 울 니트 셔츠를 보고 'sweater'라 부르게 되었으며, 횡편 편직의 니트웨어를 스웨터라고도

한다.

- 풀오버(pullover): 일반적인 앞이 막힌 니트 스웨터로 머리에서 써서 착용하는 형태이다.
- 카디건(cardigan): 앞이 끝단까지 트여 단추나 지퍼로 여닫으며, 네크라인은 V자형이나 둥근형, 깃이 달린 형 등으로, 블라우스와 같은 상의 위에 걸쳐 입을 수 있게 되어 있다.
- 코스(course): 가로 폭 방향으로 만들어지는 루프를 의미한다.
- 웨일(wale): 세로 길이 방향으로 만들어지는 루프를 의미한다.
- 루프(코): 편조직을 형성하는 기본 단위이다.
- 스티치(stitch): 니트의 조직, 니트의 코를 의미하기도 한다.
- 밀도, 도목: 1인치 내의 루프, 코의 수를 의미한다.

2) 편직 관련 용어

- 평편(플레인, plain, 민자): 니트의 기본 조직으로, 표면은 겉뜨기만, 안쪽은 안뜨기만 나타난다. 메리야스 조직으로 불리기도 한다. 평편 코 모양이 보이는 겉면을 니트 또는 '페이스(face)', 이면을 '리버스(reverse)'라고 한다. 웨일 방향보다는 코스 방향으로 잘 늘어나고 얇고 가볍다.
- 리브 조직(rib stitch, 고무뜨기): 같은 코스 방향을 따라 편성물의 양쪽에 겉코와 안코가 조합된 양면 조직이다. 세로로 무늬가 생기고, 겉과 안의 모양이 같으며, 가장자리가 말리지 않는다. 길이 방향에 비해 폭 방향으로 잘 늘어나서 스웨터의 헴라인, 소매의 커프스, 네크라인의 피니시에 많이 사용된다. 편침의 배열에 따라 1×1, 2×2 등 다양하게 변화를 줄 수 있다.
- 올니들(all needle, 쇼바리): 0×0 리브 조직이라고도 하며 앞 베드와 뒤 베드의 전침, 모든 바늘을 이용하여 편직하는 조직으로 앞면과 뒷면의 모

양이 거의 동일하다. 표면과 이면의 양면 외관이 동일하며 외관은 평편과 유사하지만 평편과 리브편에 비하여 탄력성이 크고, 중량이 많이 나간다.

- 하프카디건(half cardigan, 하찌): 리브에 턱편을 응용한 대표적인 조직으로 특징은 표리가 다르고, 겉면에 돌출된 웨일 방향의 코들은 리브편보다 분명하게 나타난다. 같은 게이지, 같은 콧수(루프)의 리브편보다 편폭이 넓게 편성된다.
- 풀카디건(full cardigan, 니쥬): 하프카디건 조직과 마찬가지로 리브에 턱을 응용한 조직으로 표리의 모양이 상당히 비슷하고, 같은 게이지, 같은 콧수(루프)의 하프카디건보다 편폭이 넓게 편성된다.
- 밀라노(milano): 밀라노 조직은 이태리의 밀라노에서 개발된 점에서 이름이 붙여졌다고 한다. 0×0 리브 코스와 튜뷸러 코스(tubular course)가 반복되는 조직으로 겉면과 뒷면의 모양이 같으며, 한 단마다 줄무늬가 생기는 것이 특징이다. 니트 조직 중에서 가장 두껍고 신축성이 적다.
- 하프밀라노(half milano, 반가다): 리브 조직에 턱편을 응용한 대표적인 조직으로 특징은 표리가 다르고, 겉면에 돌출된 웨일 방향의 코들은 리브편보다 분명하게 나타난다. 같은 게이지, 같은 콧수의 리브편보다 편폭이 넓게 편성된다.
- 양두(links & links, 펄, Purl): 양두 편기에서 편직되는 대표적인 조직으로, 편성물의 한쪽 면에서 코의 표면과 이면이 번갈아가며 보인다. 길이 방향으로 신축성이 좋다.
- 레이스(lace, 스카시): 구멍이 생기면서 무늬를 형성하는 조직이다.
- 턱(tuck): 편직이 이루어지지 않도록 밑의 코와 함께 어느 정도 가지고 있다가 새로운 코를 만드는 방법이다. 기본 조직 중에서 2단 이상으로 길게 루프를 형성하는 편조직을 말한다.
- 미스(miss): 웰트 스티치(welt stitch)라고도 하며, 새로운 코를 형성하지 못하는 형태로 코스 도중에 코를 만들지 않고 띄우는 편성으로서, 뒷면에

는 실이 옆으로 길게 직선으로 떠 보이나 표면에는 긴 코가 나타나므로 변화가 생겨 무늬를 내는 데 이용한다.

- 케이블(cable, 꽈배기): 교차 편직 조직으로, 6올의 루프 코 부분을 3개와 3개로 나누고 편성 중에 각각의 3올에 걸려 있는 실을 어느 일정 간격으로 넣어서 이랑 사이를 비틀어 케이블 무늬를 표현한다. 교차하는 루프의 수나 방향 등에 따라 다양한 케이블 조직이 생성된다.
- 코줄임(헤라시): 니트의 진동과 같은 곡선 부분이나 옆선의 사선 줄임 부분에 코를 줄이면서 편직하는 것을 말한다.
- 코늘임(후야시): 소매의 밑단부터 진동 부분과 같이 폭이 늘어나는 부분에 코를 늘이면서 편직하는 것을 의미한다.
- 끝코 줄이기(오도시): 콧수(루프)를 줄여나가는 끝 처리 방법으로 코를 기계에서 떨어내는 방법이다. 코줄임(헤라시)보다는 가장자리가 깨끗하지 못하다.
- 랙킹(racking, needle-bed shifting, 후리): 편직 베드가 몇 바늘씩 좌우로 이동하는 것을 뜻한다.
- 트랜스퍼(transfer, 곳동): 코 떠넘김을 뜻하며, 앞쪽 침상의 바늘에서 뒤쪽 침상의 바늘로 코가 넘어가는 것을 말한다.
- 튜뷸러(후꾸로): 후꾸로는 일본어 후쿠로(ふくろ)의 표기로 봉지, 자루, 주머니 또는 비슷한 것을 나타내는 용어의 의미이다. 니트의 밑단에 주로 사용되는 단 처리 방법으로 2겹으로 편직되며, 튜뷸러로 명칭이 가능하다.
- 트임(구찌): '입구'라는 일본어로 주머니, 소맷부리 등 트임의 입구를 의미한다.

3) 편직물 봉제 제작 관련 용어

- 링킹(linking, 사시): 니트 봉제에 사용하는 기계. 앞뒤를 연결할 때 코를 맞추어 할 수 있으며, 특히 목둘레나 앞단 등의 부속을 바디와 연결할 때 필요하다.
- 슈퍼 소잉 머신(슈퍼 미싱, super sewing machine): 스웨터나 카디건의 편직물 봉제 시 몸판이나 소매 등 신축성이 필요한 부위를 연결해주는 원형의 링킹 재봉기계이다. 미싱은 재봉틀을 의미하는 영어 'sewing machine'의 'machine(머신)'이 일본어식으로 속되게 표현된 용어이다.
- 오버로크(overlock, 오바): 재단한 옷감의 가장자리가 풀리지 않도록 마무리하는 일 또는 기계를 뜻한다.
- 이본침 오버로크(니혼 오바): 오버로크에 바늘이 하나 더 달린 특종기계로, 컷 앤 소우(cut & sew) 원단의 합봉과 시접 처리를 동시에 해결해준다.
- 커버스티치(coverstitch, 삼봉 스티치): 일반적으로 환편 니트의 컷 앤 소우(저시) 작업 시 신축성 있게 처리하는 봉제 방법으로, 안쪽으로는 지그재그 스티치가 나타나고 겉쪽에는 1줄, 2줄, 3줄 스티치가 나타나 일봉, 이봉, 삼봉으로 나눠지는데, 일반적으로 '다삼봉'이라고 부른다.
- 단춧구멍(버튼홀, buttonhole, 나나인치): 블라우스에 주로 사용되는 일자형 단춧구멍을 말한다. 싱거(Singer)에서 재봉틀을 개발하면서 번호를 부여했는데, 단춧구멍을 만드는 재봉틀은 71번째로 개발한 재봉틀이 71종, 71의 일본어 '나나이찌'로 불렸는데 와전되어 나나인치로 쓰이고 있다.
- 키홀 버튼홀(keyhole buttonhole, 큐큐, QQ): 재킷용, 코트용 단춧구멍을 만드는 재봉틀로 싱거에서 99번째로 개발하여 99의 일본어 '큐우큐우'에서 따 '큐큐'라고 쓰이고 있다.
- 파이핑(piping, 랍바, 해리): 별도의 원단으로 가장자리를 감싸는 방식의 봉제 방법으로, 우븐으로 처리하는 경우는 해리, 컷 앤 소우(저시) 원단에

처리한 경우를 '랍바'라고 사용한다.

- 피니싱(finishing, 마도메): 봉제가 끝난 옷에 하는 패드 달기, 단추 달기, 밑단 처리, 속도메 등의 손작업 과정을 뜻한다.
- 끝손질(고로시): 봉제가 끝난 제품이 피니싱으로 넘어가기 전에, 시접이나 실밥 등을 정리하는 것이다.
- 너치(notch, 시루시): 원단에 가윗밥이나 초크로 합봉할 때 맞닿을 부분을 표시하는 것이다.
- 시보리(shibori): 점퍼류나 컷 앤 소우(저지)의 소매나 목 부분에 사용되는 니트 리브 조직을 말한다. 싱글 혹은 더블로 사용된다.
- 다림질(시야게): 봉제가 끝난 옷의 형태를 다림질로 바르게 잡아주는 과정을 뜻한다.
- 안감(lining, 우라): 원단의 안쪽 면을 의미하기도 하며 안감을 의미하기도 한다.

KNIT
FASHION
DESIGN

PART 2

니트 소재 구성요소

1. 원사
2. 게이지
3. 조직

PART 2

니트 소재 구성요소

1. 원사

니트 패션 디자인 전개 시에는 원사(yarn), 원사에 맞는 게이지(gauge), 원사와 게이지의 결정에 맞추어 다양한 조직(stitch)을 적용해야 한다. 이에 니트 패션 디자인 소재의 구성요소로 원사, 게이지, 조직에 대한 이해가 필요하다.

1) 원사의 굵기

편직용 원사의 길이는 무게 간의 상관관계를 가지며, 항중식(恒重式)과 항장식(恒長式)으로 구분된다. 원사 굵기의 단위는 번수(番數, yarn count or yarn number)로 표현한다. 항중식(constant weight system)은 원사의 길이와 일정한 무게로 표기(km/1kg , yard/1LB)하는데 섬유의 종류와 지방, 국가에 따라 다르다. 면사의 경우, 1Lb 중량의 실이 840yd인 경우는 1번수('S), 1Lb 중량의 실이 1680yd(840×2)인 경우 2번수('S), 1Lb 중량의 실이 25,200yd(840×30)인 경우는 30번수('S)가 된다. 원사의 경우는 주로 항중식으로 표기한다. 항장식(constant length system)은 실의 무게와 일정한 실의 길이(g/1km, g/9,000m)로 표기한다. 항중식의 원사 굵기 표시법은 ● 표 1과 같다(박기윤, 박명자, 이준형, 2006). 일반적으로 기계 편직 시에는 게이지가 굵어질수록 여러 가닥의 원사를 합사하여 편직하게 된다. 굵은 원사로 편직 시 원사 연결을 위한 매듭은 기계 바늘의 작용, 특히 훅의 작동에 문제가 되어 끊어지는 경우가 발생할 수 있다.

원사의 합수는 굵기 및 편직 기계의 게이지와 밀접한 관계가 있다. 이는 편성물의 외관에 영향이 있으므로 중요하다. 원사의 굵기에 대한 기준은 세사, 중세사, 중사, 태사로 나뉜다●그림 27. 일반적으로 가을 · 겨울 소재로 활용되었던 니트웨어는 니트 소재 개발의 발전과 더불어 봄 · 여름용 세사들이 개발되어 S/S용 소재로 많이 활용되고 있으며, 남성용 니트웨어에도 반영되고 있다. 니트웨어 편직 시에는 원사를 굵은 원사나 한 올로 편직하면서 원사를 연결할 경우 매듭이 훅에 걸려서 원사가 끊어지는 경우가 발생하므로 한 올로 활용하는 경우는 거의 드물며, 부득이한 경우 원사의 매듭 처리를 잘 관리하며 편직해야 한다.

표 1 항중식 원사의 굵기 표시법

조직명	실의 굵기	영국식	미터식
단사	20번수	20's	1/20
합사	20번수 2올 합사	20/2/2's	2/2/20
	20번수 2합	20/2's	2/20
	20번수 5올의 3올 연사	20/5/3's	3/5/20

그림 27
원사의 굵기–세사, 중세사, 중사, 태사

2) 원사의 종류

원사는 일반적으로 특별한 가공을 하지 않은 한 올의 실인 단사(單絲, single yarn)● 그림 28와 단사 몇 개를 꼬아서 만든 합연사(합사, 合撚絲, ply yarn, cord yarn)●그림 29가 있다. 2합사(two-ply yarn)는 단사의 2배의 강도를 가진다. 또한 재질감에 변화를 준 장식사로 구분할 수 있다.

재료에 따른 원사는 면, 모, 마와 같은 자연섬유의 방적사 '스테이플(staple yarn, S.F사)사'와, 무한한 길이의 filament fiber로 만들어진 '필라멘트사'로 나누어 볼 수 있다. 재료에 따른 분류는 섬유의 종류와 실의 종류 구분으로 직물 소재의 섬유와 실의 구분과 같다. 면사는 소면사(카드사, carded yarn), 정소면사(코마사, combed yarn)로 분류되며 코마사로 불리는 정소면사가 고급 면사로 가격이 높다. 모사(wool yarn)는 일반적으로 방모사, 소모사로 구분된다. 소모사(worsted)는 가늘고 품

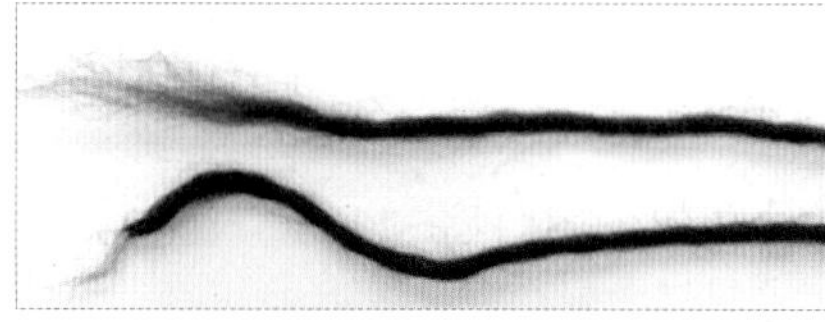

그림 28
단사

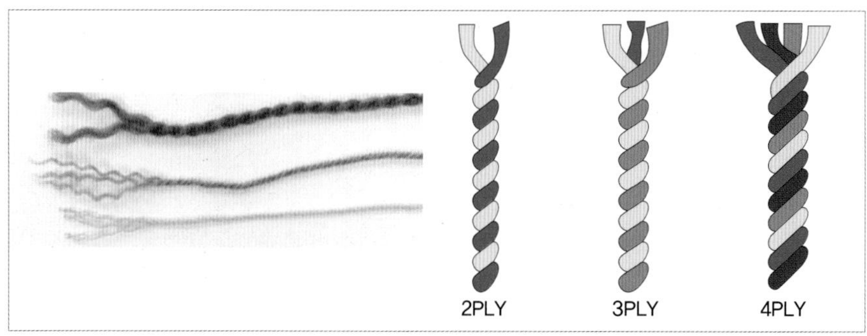

그림 29
합연사(합사)

질 좋은 원모를 평행으로 잘 배열하여, 직물 표면이 매끄럽고 품질이 좋아서 고급 모직물과 편성물에 이용된다. 방모사(woolen)는 섬유 길이가 짧은 저질의 원모와 방적 공정에서 부산물로 얻어지는 단모인 노일 재생모 등을 원료로 하여, 섬유의 배향이 좋지 않고 실의 굵기가 고르지 못하여 강도가 떨어지고, 실의 외관이 거칠며(잔털), 균제도가 떨어져 고급 옷감에는 쓰이지 못하고 두꺼운 축융 기모가공을 위한 직물에 이용하며, 꼬임이 적고 함기량이 많아서 부드럽고 따뜻하다. 견사는 숙사, 생사, 견방적사로, 마사는 아마사, 대마사, 저마사, 황마사로 분류된다. 인조섬유사는 나이론사, 폴리에스터사, 아크릴사가 있다.

혼방사(blended yarn)는 2종 이상의 섬유를 혼합하여 방적되는 원사이며 ●그림 30, 다른 섬유 단사의 합사인 교합사(combination yarn) ●그림 31가 있다. 교합사는 방적 시 서로 다른 단사를 꼬거나 꼬임수가 다른 단사를 합연하여 만드는 실이다. 혼방사에서는 2가지 이상의 컬러가 나타나면서 멜란지(melange)라는 컬러 원사명으로도 사용된다. 멜란지라는 용어는 프랑스어 멜랑쥬(melange)에서 유래되었고 '혼합된, 섞인' 등의 의미로 서로 다른 색이 혼합하여 서리가 내린 것과 같은 효과를 내는 배색 상태를 의미한다. 멜란지는 원사로 연사되기 전에 원모 톱 상태에서 염색을 해야 하며 ●그림 32(박기윤, 박명자, 이준형, 2006), 선염 상태에서 컬러를 선택하여 ●그림 33 제작한다 ●그림 34.

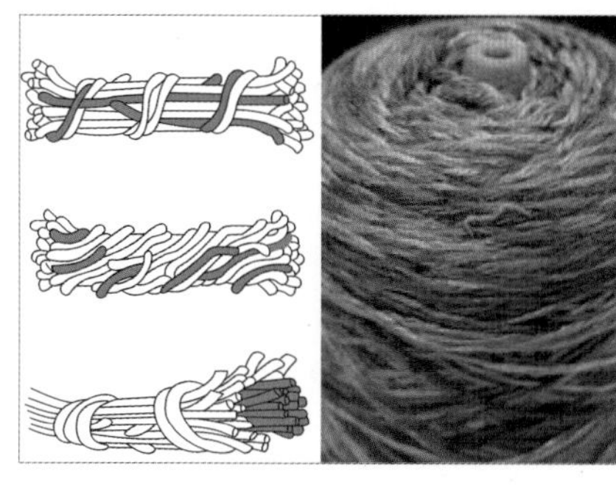

그림 30
혼방사

그림 31
교합사

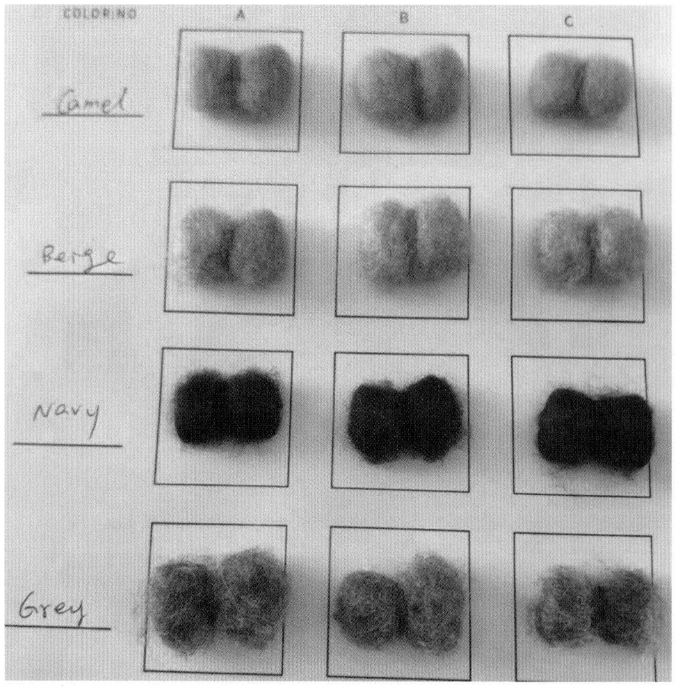

그림 32
원모 상태의 컬러
비이커 테스트 샘플

그림 33
방모 혼방사 편직 스와치

그림 34
방모 혼방 멜란지사 활용 니트 풀오버

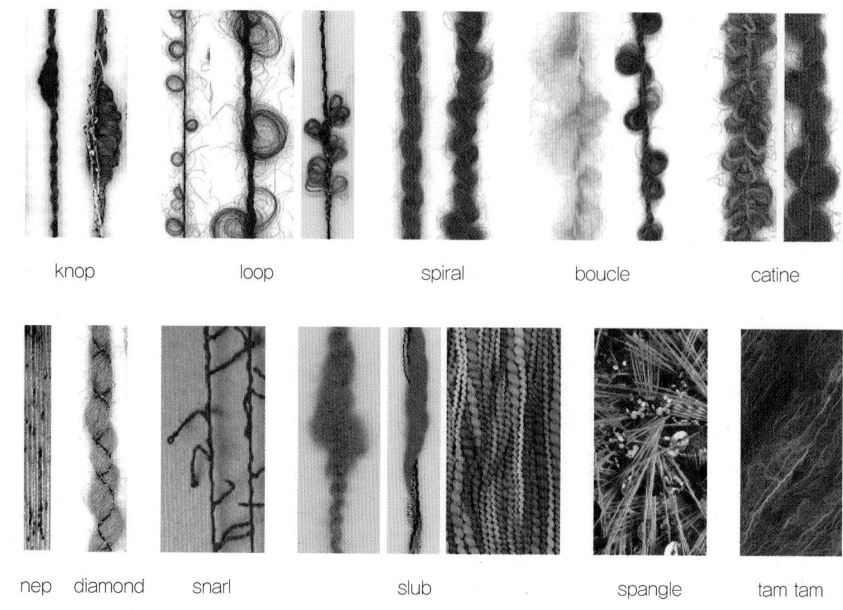

그림 35
연사 방법에 따른 장식사

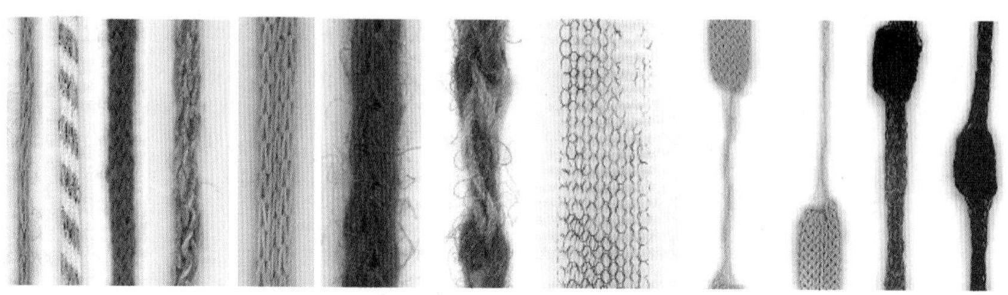

그림 36
편직 방법에 따른 장식사

feather yarn

fur, eyelash, centipede yarn

peal, brush, bead, ping pong yarn

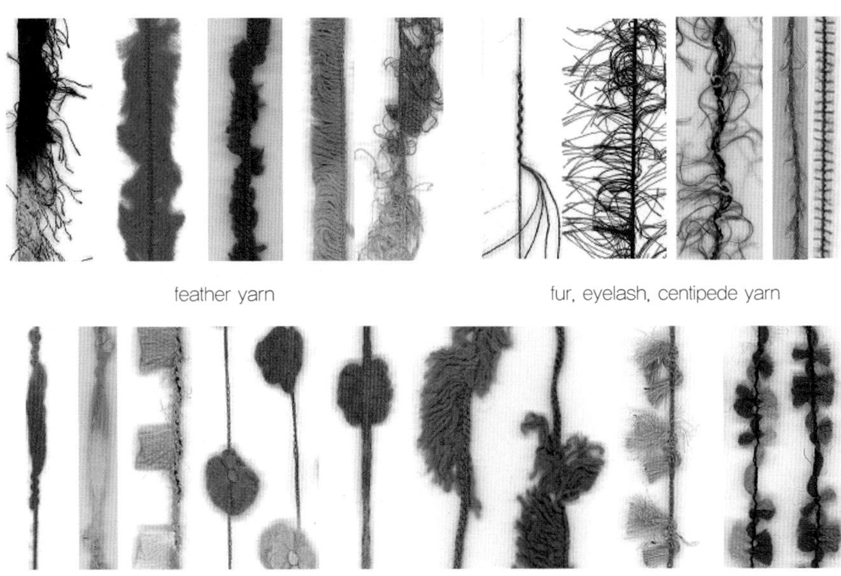

그림 37
편직 또는 제직 후 절단을 통한 클립사

그림 38
제직 또는 방사 후
절단을 통한 셔닐사

space dyed heather blend tweed

그림 39
색상에 따른 장식사

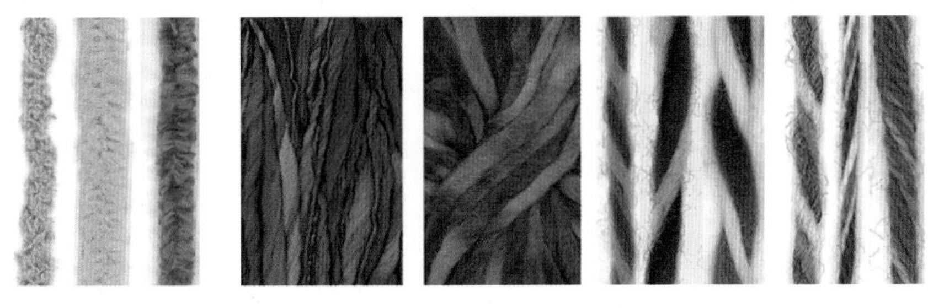

장식사는 일반적으로 섬유의 종류와 원사의 꼬임, 굵기, 색상, 연사 방법, 편성 방법, 실의 절단, 이물질의 첨가 등으로 시각적으로 독특한 형태와 다양한 표면 효과를 가진다. 제조 방법에 따른 섬유의 종류, 실의 꼬임, 실의 굵기들을 고려하며 연사 방법●그림 35, 편직 방법●그림 36, 실의 절단 방법●그림 37, 제직 또는 방사 후 절단한 셔닐사●그림 38, 색상 등으로 분류할 수 있다(박기윤 외, 2006)●표 2. 색상에 의한 장식사는 멜란지, 뮬리네(mouline), 헤더 블렌더(heather blender), 스페이스 다이드얀(spaced-dyed yarn), 프린트얀(printed yarn) 등 다양하다●그림 39.

장식사는 원사의 상태와 편직 후의 상태가 느낌이 많이 다르게 나타날 수 있

표 2 니트 원사의 종류

<table>
<tr><td>일반사</td><td colspan="3">스트레이트 원사
특별한 가공을 추가하지 않은 천연 또는 합성 원사</td></tr>
<tr><td rowspan="6">장식사</td><td>섬유 종류</td><td colspan="2">헤어얀(hair), 로빙(roving), 루렉스(lurex)</td></tr>
<tr><td rowspan="4">제작 방법</td><td>연사 방법</td><td>슬럽사(slub yarn),
노브사(knop yarn),
넵사(nep yarn), 부클레(boucle),
스날사(snarl yarn), 라티네사(ratine yarn),
스파이럴사(spiral yarn) 등</td></tr>
<tr><td>편직 방법</td><td>튜브사(tubluar yarn)
테이프사(tape yarn)</td></tr>
<tr><td>편성 후 절단</td><td>클립사(clip yarn)</td></tr>
<tr><td>제직 후 절단</td><td>셔닐사(chenille yarn)</td></tr>
<tr><td>색상</td><td colspan="2">멜란지(melange), 뮬리네(mouline), 재스퍼(jasper),
스페이스 다이드얀(spaced–dyed yarn),
헤더 블렌더(heather blender), 프린트얀(printed yarn)</td></tr>
</table>

어 편직 후 상태를 확인하여 편직을 진행하여야 하며 샘플용 시직이 필요하다●그림 41~44. 또한 장식사의 특성으로 루프나 넵, 헤어 등의 원사 특성은 기계 편직 시 래치의 작동에 문제가 있어 편직에 문제가 발생할 수 있으니 샘플 시직 후 제품에 대한 사용 여부를 결정해야 한다. 테이프형 부클레 원사를 샘플로 시직하여●그림 45 완성된 풀오버●그림 46와 세사의 부클레사와 중세사 합연의 퓰리네 원사●그림 47를 활용한 샘플용 편직 니트 풀오버는 ●그림 48과 같다.

니트 패션 디자인 전개 시에는 원사의 종류가 결정되면 비이커 테스트(BT, Beaker Test)를 의뢰하고 테스트 결과●그림 40를 확인한 후 작업을 위한 원사를 발주하게 된다.

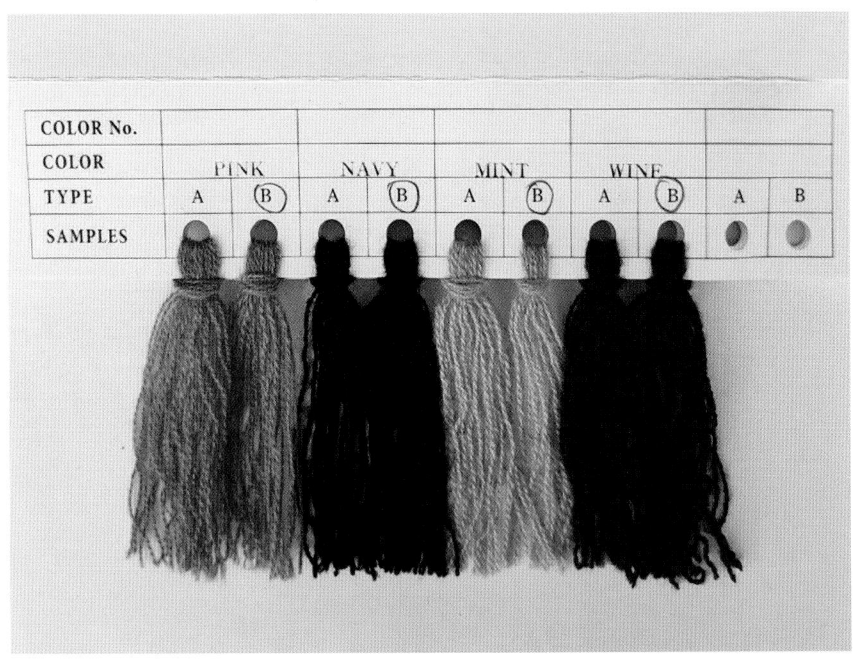

그림 40
비이커 테스트 결과

노브사, 플레인과 리버스(1)

노브사, 플레인과 리버스(2)

그림 41

다양한 장식사의 편직 상태 1

부클레사

테이프사

그림 42
다양한 장식사의 편직 상태 2

슬럽사의 합연사

슬럽사(1)

슬럽사(2)

셔닐사

그림 43

다양한 장식사의 편직 상태 3

스페이스 다이드사

노브사와 날개사 혼합형

노브사(1)

노브사(2)

그림 44

다양한 장식사의 편직 상태 4

그림 45
테이프형 부클레 원사

그림 46
테이프형 부클레사를 활용한 니트 풀오버

그림 47
부클레사와 스트레이트 원사의 합연,
뮬리네 원사

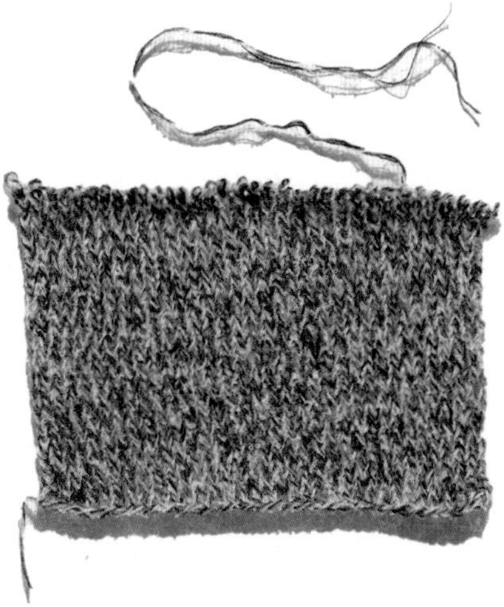

그림 48
세사의 부클레사와 중세사 합연의 뮬리네 원사를 활용한 니트 풀오버

S/S 시즌용 남성 니트웨어로 에르메스 남성복에서는 울과 면사를 활용한 니트 디자인을 꾸준히 진행하였다. 2015년 S/S 시즌에는 기본 스트레이트 원사와 셔닐과 같은 장식사를 간단한 스트라이프 디자인으로 발표하였으며●그림 49, 2016년 S/S 시즌에는 여름용 면 소재의 굵은 태사로 링스 조직을 활용한 풀오버 디자인을 선보였다●그림 50. 펜디 남성 컬렉션에서는 슬럽사를 활용한 슬림한 디자인의 남성 풀오버를 발표하였다●그림 51. 사카이(Sacai) 남성복 컬렉션에서는 2017년 S/S 시즌, 핑크 컬러를 주조색으로 부클레 원사를 사용하여 남성 니트웨어를 발표하였다●그림 52. 일반적으로 F/W 시즌에 주로 활용하는 부클레 원사를 밝게 활용하여 S/S 시즌의 디자인으로 전개하였다.

F/W 시즌의 남성용 니트웨어에는 투톤이나 세 가지 색상의 멜란사나 혼합된 효과의 장식사도 많이 활용하고 있으며 특히 헤어리한 원사가 다양한 조직을 활용하여 디자인을 전개하였다. 모헤어나 앙고라 셔닐과 같은 헤어리사의 등장도 늘어나면서 로우 게이지의 니트웨어 디자인이 많이 발표되었다.

엠포리오 아르마니 남성복 컬렉션에도 다양한 남성 니트웨어를 발표하고 있다. 2018년 F/W 시즌에서는 자카드 편직으로 회화적인 문양을 헤어리한 원사와 활용하여 추상회화와 같은 독특한 니트 풀오버 스웨터를 발표하였다●그림 53. 여성복에도 다양한 원사가 활용되고 있다. 친환경 패션을 지향하는 스텔라 매카트니(Stella McCartney)는 2014년 F/W 컬렉션에서 넵사를 활용한 자유로운 실루엣의 니트 투피스 디자인을 제안하였다●그림 54. 프라다의 2017년 컬렉션에는 화려한 컬러와 헤어리한 원사를 활용한 니트 조직에 비딩 자수를 활용하여 눈길을 끌었다●그림 55.

그림 49
태사와 장식사 배색, Hermes 2015 S/S

그림 50
스트레이트 태사의 활용, Hermes 2016 S/S

그림 51
슬립사의 활용, Fendi 2015 S/S

그림 52
부클레 원사의 활용, Sacai 2017 S/S

그림 53
헤어리 원사의 활용, Emporio Armani 2018 S/S

그림 54
노브사의 활용, Stella McCartney 2014 F/W

그림 55

헤어리 원사 편직과 비딩 자수 장식의 활용, Prada 2017 F/W

2~3가지 색상의 원사를 합사한 뮬리네 원사●그림 56의 니트웨어도 패션 컬렉션에 자주 등장한다. 프링글오브스코틀랜드(Pringle of Scotland)의 2016년 F/W 남성복 컬렉션에서는 굵은 핸드터치 분위기의 풀오버를 뮬리네 원사를 다양하게 사용하여 디자인한 남성 니트웨어를 발표하였다●그림 57. 에르메스 2017년 S/S 남성복 컬렉션에도 뉴트럴 색상의 뮬리네 원사를 활용한 니트 풀오버를 선보였다●그림 58. N.21 남성복 2015년 F/W 봄 · 여름 컬렉션에서는 두 가지의 색을 불규칙적으로 합사하고 편직하여 컬러의 불규칙성을 활용한 스트라이프 배색의 니트 풀오버도 선보였다●그림 59. 2017년 프라다의 F/W 컬렉션에는 니트 패션에 자수를 활용한 디자인이 등장하여 주목을 받았는데, 주로 캐주얼한 니트 디자인에 활용되는 뮬리네 원사를 활용한 니트 풀오버에 화려하고 키덜트한 이미지의 패치워크 자수로 디자인하여 니트 디자인의 새로움을 전달하였다●그림 60.

니트웨어 컬렉션에서는 스페이스다잉의 멀티컬러 원사●그림 61의 활용도 자주 나타난다. 드리스 반 노튼은 다양한 컬러를 적용한 스페이스다잉의 장식사를 활용하여 스트라이프 효과와 케이블 조직을 융합하여 편직한 남성 풀오버를 발표하였다●그림 62. 토드 스나이더(Todd Snyder)는 2016년 F/W 컬렉션에서 검정과 회색의 모노톤 컬러를 스페이스 다이드 원사로 염색된 컬러를 활용하여 고급스러운 분위기의 남성용 니트 카디건을 발표하였다●그림 63. 스페이스 다이드 원사는 원사 길이에 따른 적용 컬러를 잘 파악하여 스트라이프 배색처럼 나타나는 길이나 분량을 잘 파악하여 디자인에 적용하여야 한다.

그림 56
뮬리네 원사

그림 57
뮬리네 원사의 활용, Pringle of Scotland 2016 F/W

그림 58
뮬리네 원사의 활용, Hermes 2017 S/S

그림 59
투톤 원사의 활용, No.21 2015 F/W

그림 60
뮬리네 원사 니트와 자수 장식의 활용,
Prada 2017 F/W

그림 61
스페이스 다이드 원사(Spaced-dyed Yarn)

그림 62
스페이스 다이드 장식사의 활용,
Dries Van Noten 2012 F/W

그림 63
스페이스 다이드 장식사의 활용. Todd Snyder 2016 F/W

2. 게이지

게이지는 편기에서 단위 길이당 바늘의 수로 일정한 면적 안에 들어가는 콧수의 평균 밀도라고 하는데, 편성물의 종류에 따라서 기준이 되는 단위 길이가 다르다(홍명화, 최경미, 2009). 핸드 니트에서는 가로세로 10cm 안에 들어가는 코(루프)와 단의 숫자를 의미하며, 기계 니트에서는 1인치 안에 들어가는 루프와 바늘의 수로, 인치당 바늘 수인 영국 시스템을 바탕으로 측정하는 것이다.

기계의 게이지는 편성물의 게이지 및 봉제하는 링킹 게이지와도 차이가 있을 수 있다. 또한 게이지는 표준 치수, 표준 규격, 척도를 의미하기도 하며 편물에서는 작품을 정확하게 치수대로 만들기 위해 편사의 시험뜨기로 파악된 편물의 사이즈(코스 방향으로 코, 웨일 방향으로 단의 밀도)를 말한다●표 3.

게이지는 '숫자 3, 5, 7, 10, 12, 16, … GG'로 표기하며, 숫자가 커질수록 편직

표 3 게이지에 따른 편성물 및 편직기

로우 게이지: 3Gauge	미들 게이지: 7Gauge	하이 게이지: 12Gauge

		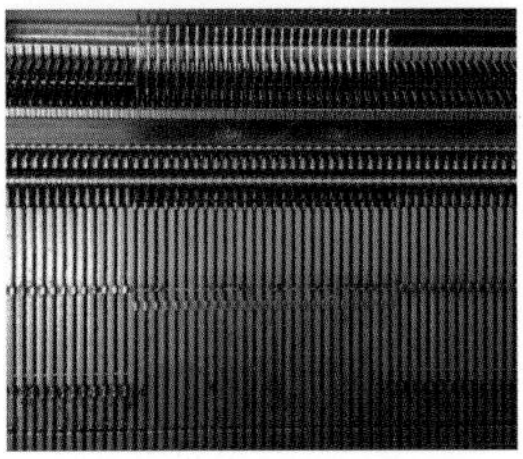

기의 바늘 수가 많아지는 것으로 얇은 편성물을 의미하게 된다. 기계에 의한 게이지는 편직물의 밀도와 원사의 합수를 조절하여 다양한 재질감을 표현하기도 하므로, 편직물의 두께 정도와 비교하여 보면 1.5~3게이지는 벌키 패브릭(bulky fabric), 5~7게이지는 스탠다드 패브릭(standard fabric), 10~18게이지는 파인 패브릭(fine fabric)으로 구분하기도 하며, 또는 헤비 게이지(heavy gauge, 3~5GG), 미들 게이지(middle gauge, 7~10GG), 화인게이지(fine gauge, 12~14GG), 울트라 화인게이지(ultra fine gauge, 16~18GG)로 분류하기도 한다. 일반적으로 육안으로 확인이 가능한 범위로 12게이지 이상을 하이 게이지(high gauge), 7~10게이지를 미들 게이지(middle gauge), 5게이지 이하를 로우 게이지(low gauge)로 구분하고 있다.

중세사의 원사 1가닥으로 7게이지의 편직이 된다면 2합사(2 ends)의 편직은 5게이지로 편직하게 된다●그림 64. 게이지의 요소는 실의 굵기, 용구의 굵기 또는 밑으로 당기는 힘의 강도, 케리지에 바늘이 올라가는 정도이며, 이러한 요소에 의해 조직의 밀도에 차이가 생긴다. 따라서 원사에 맞는 바늘의 굵기에 따라 게이지가 달라지므로 적절하게 관계에 맞는 것들을 정하여 편직하여야 한다.

게이지에 따른 원사의 적용은 로우 게이지의 경우, 굵은 태사를 사용하는 것보다는 여러 가닥의 원사를 게이지에 맞추어 적절하게 합사하여 활용한다. 편직 작업 시 굵은 원사 1가닥을 사용한다면 매듭에 의하여 원사가 끊어질 수 있는 위험성이 있다. 일반적으로는 2합사(2 ends)나 3합사(3 ends)가 편직 원사로 적절하다 ●그림 65.

슈퍼워시 울(Wool 100%, 2/52 S') 원사로 게이지별 원사의 합수를 맞추어 편직하여 중량은 ●표 4와 같이 게이지별로 편직 상태가 크게 차이가 나타남을 알 수 있다. 이와 같은 중량에 대한 이해를 바탕으로 니트웨어 기획 시 원사와 편직 방법을 잘 고려하여 원사와 게이지 등을 디자인에 맞게 선정하여야 한다.

니트웨어 개발 및 원가 계산과 판매가격 산출을 위하여 일반적으로 가장 많이 활용되는 소모사(wool, 2/52s')를 활용하여 니트웨어를 편직, 봉제하였다. 동일 원사, 동일 조직으로 12게이지와 7게이지의 2가지의 게이지를 적용하여 풀오버

각 한 벌씩을 완성하였다. 편직 방법은 풀셰이핑 방법으로 하여 원사의 로스율을 최대로 줄이고자 하였다. 원사의 중량을 비교하면 12게의지의 풀오버는 342g, 7게이지의 풀오버는 495g으로 완성되었다● 그림 66. 이를 바탕으로 편직 비용과 함께 원가의 계산을 비교해볼 수 있다.

가을 · 겨울 남성 니트는 이너웨어용으로 하이 게이지와 미들 게이지의 니트가 주로 등장한다. 그러나 최근에는 굵은 원사를 활용한 로우 게이지의 카디건류도 나타나고 있다. 사카이 2023년 F/W 컬렉션에서는 벌키한 굵은 핸드 니트 터치의 로우 게이지 카디건이 등장하였다● 그림 67. 브리오니(Brioni)의 2015년 F/W 남성복 컬렉션에서는 로우 게이지의 변형 리브 조직을 활용한 V네크 니트 풀오버를 선보였다● 그림 68. 보테가 베네타(Bottega Veneta)의 2014년 F/W 컬렉션에서는 레글런 풀오버에 비대칭형 트임으로 빈티지하면서 트렌디한 니트 디자인이 발표되었다● 그림 69. 펜디(Fendi)의 2018 F/W 시즌 남성복 컬렉션에는 펜디의 로고를 가슴 부분에 인타시아 조직으로 처리한 미들 게이지의 니트 풀오버를 발표하였다● 그림 70.

봄 · 여름 니트웨어는 하이 게이지나 미들 게이지의 얇고 가벼운 니트 디자인이 일반적이지만, 2015년 이후의 남성 니트 디자인은 로우 게이지의 여름 니트 디자인도 많이 선보였다. 드리스 반 노튼(Dris Van Noten)의 2016년 S/S 컬렉션에서는 마릴린 먼로의 얼굴을 형상화하여 인타시아 기법으로 편직한 미들 게이지의 풀오버가 눈길을 끌었다● 그림 71. 엠퍼리오 아르마니의 2013년 S/S, 2014년 S/S 컬렉션에서는 인타시아 기법으로 배색 처리된 니트 풀오버가 등장하였다● 그림 72. 페라가모(Ferragamo)는 2013년 S/S 남성복 컬렉션에서 세사를 활용한 시스루의 울트라 하이 게이지의 니트 풀오버를 선보였다● 그림 73.

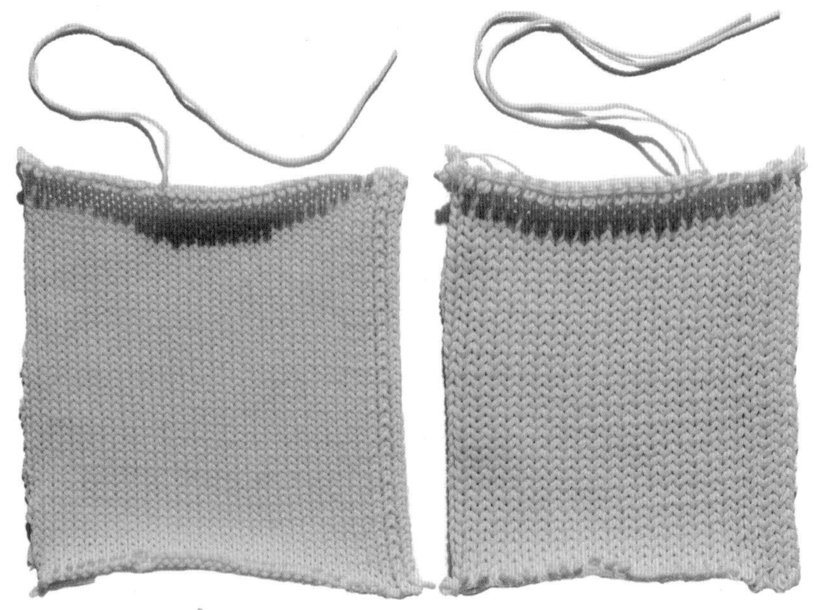

그림 64
원사 1가닥 7게이지와 2합사의 5게이지 플레인

2합사

3합사

그림 65
니트 원사의 가닥 합사 굵기 및 합사를 활용한 굵기 조절

표 4 게이지별 원사(Wool 100%, 2/52'S)의 합수와 편직 샘플

게이지	원사	편직 샘플
12GG	2합사: 17.3g	
10GG	3합사: 21g	
7GG	4합사: 23.8g 	
5GG	6합사: 28.7g 	
3GG	15합사: 41g 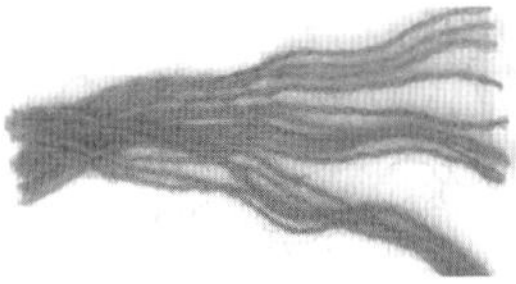	

그림 66
플레인 조직 풀오버, 12게이지(좌, 342g), 7게이지(우, 495g)

그림 67
로우 게이지 활용 재킷 카디건, Sacai 2023 F/W

그림 68
로우 게이지 활용 남성 니트웨어,
Brioni 2015 F/W

그림 69
로우 게이지 활용 남성 니트웨어,
Bottega Veneta 2014 F/W

그림 70
미들 게이지 활용 남성 니트웨어,
Fendi 2018 F/W

그림 71
미들 게이지 활용 남성 니트웨어,
Dris Van Noten 2016 S/S

그림 72
하이 게이지 활용 남성 니트웨어, Emporio Armani 2013 S/S, 2024 S/S

그림 73
하이 게이지 활용 남성 니트웨어, Ferragamo 2013 S/S

3. 조직

니트는 기본 편직 원리로 편침으로 실을 공급받아 새로운 코, 루프를 형성한다. 우븐, 직물은 경사와 위사의 교차 작업으로 원단이 형성되지만, 니트 원단은 한올의 원사가 좌우 또는 환편으로 둥글게 루프를 형성하며 원단이 완성되는 특징을 가진다. 이러한 니트 조직은 니트, 턱, 웰트, 랙킹, 트랜스퍼 등의 기계 조작을 통하여 다양한 형태의 조직을 만들어낸다. 턱은 편직이 추가적으로 이루어지지 않도록 밑의 코와 함께 어느 정도 가지고 있다가 새로운 코를 만드는 방법이며, 웰트는 미스(miss) 또는 플로팅(floating)라고도 하는데 새로운 코를 형성하지 못하는 방법이다. 랙킹은 베드 자체를 좌우로 이동시키는 편직 방법이며, 트랜스퍼는 바늘에서 다른 바늘로 코를 옮기는 방법을 말한다.

니트는 이와 같은 5가지의 기본 편성 원리를 이용하여 다양하게 조직을 표현할 수 있다. 기본 조직을 편성하기 위한 기본적인 동작 외에 바늘에 여러 가지 다른 동작을 응용함으로써 얻어지는 조직을 변화 조직이라 하며, 기본 조직에 응용 동작을 적용시켜 다양한 변화 조직을 얻을 수 있다. 이 외에도 문양이나 색상의 적용에 따라 컬러 자카드나, 조직 자카드(structure jacquard)로 사용되고 있다.

니트의 조직은 기본 조직, 변화 조직, 컬러 조직으로 나눌 수 있다. 기본 조직은 플레인, 올니들, 인터록(interlock), 리브 조직으로 크게 나뉜다. 리브 조직은 바늘 침수 변화에 의한 1×1, 2×2, 3×3 등의 리브 조직이 있다. 이러한 기본 조직들을 캠의 조작, 바늘의 배치, 루프의 이동 등으로 변화를 주어 표현되는 조직으로, 다시 플레인 변화 조직, 리브 변형 조직의 두 가지로 나뉜다.

니트는 플레인의 변화 조직으로 양두, 펄, 레이스, 턱, 케이블과 피셔맨으로 나누어진다. 리브의 변화 조직은 하프카디건, 풀카디건, 밀라노, 하프밀라노, 랙킹 스티치 등이 기본이다. 컬러가 들어가는 조직으로는 자카드, 인타시아, 스트라이프 기법으로 구분할 수 있다●표 5. 또한 패턴 조직을 기준으로 보면 북유럽 전통 패턴의 건지(Ganseys), 노르딕(Nordic), 페어아일(Fair Isle), 로피(Lopapeysa), 아란(Aran)

표 5 니트 조직의 분류

분류	세부 분류	
기본 조직	• 플레인(plain) • 올니들(all needle) • 인터록(interlock) • 리브(rib): 1×1, 2×2, 3×3	
변화 조직	리브 변형	• 하프카디건(half cardigan) • 풀카디건(full cardigan) • 밀라노(milano) • 하프밀라노(half milano)
	플레인 변형	• 양두(links & Links), 펄(purl) • 레이스(lace) • 턱(tuck) • 미스(miss) • 케이블(cable)
컬러 활용 조직	컬러 자카드	• 버드아이 자카드(bird's eye jacquard) • 플로팅 자카드(floating jacquard) • 래더백 자카드(ladderback jacquard) • 튜뷸러 자카드(tubular jacquard) • 노멀 자카드(normal jacquard) • 트랜스퍼 자카드(transfer jacquard) • 블리스터 자카드(blister jacquard)
	인타시아(intarsia)	

패턴들과 라트비아(Latvia) 전통 니트 패턴, 캐나다 카우첸(Cowichan), 페루 문양도 전해 내려오고 있다.

1) 기본 조직

(1) 평편, 플레인 조직

평편, 플레인 조직(plain stitch)은 니트의 가장 기본 조직으로, 한쪽 면에서만 루프가 형성되며 앞과 뒤가 분명히 구별된다. 코 모양이 보이는 앞면을 니트 또는 '페이스(face)', 뒷면을 '리버스(reverse)'라고 한다. 웨일(세로) 방향보다는 코스(가로) 방향으로 잘 늘어나고 얇고 가볍다. 원사의 가격이 비싼 화인 울이나 캐시미어 등의 소재는 중량이 커지면 원사의 가격이 올라가서 제작 원가가 높아져 판매가격 또한 높아지므로 원사 가격과 편직을 고려하여 디자인을 결정하여야 한다.

평편, 플레인 조직은 1열 편(침)상 편기인 횡편기의 단침상(single needle bed) 편기와 환편기의 단침통(single cylinder needle bed) 편기로 편성되는 편조직으로 위편조직 중 가장 기본적인 편조직이다●그림 74. 핸드 니트에서도 가장 기본이 되는 조직으로 플레인과 리버스 면의 구분이 뚜렷하고 리버스 면은 모두 루프의 겉뜨기 코가 되고 안쪽은 모두 루프의 리버스 코가 된다. 평편 조직의 명칭은 평편이나 메리야스편이라고도 한다(김병철 외, 2009).

니트 조직에서 루프가 사다리 모양으로 풀리는 현상을 전선, 런(run) 또는 레더링(laddering)이라 하며, 플레인 조직의 경우 가장자리 부분이 표면으로 휘말리는 컬 업(curl up) 현상이 있어 재단 및 제작 시 주의해야 한다. 신축성이 좋으며 환기, 보온성이 좋으나 편성의 처음과 끝부분의 구별이 안 되고 드레이프성이 강하며, 편사가 잘 풀리는 단점이 있다. 단편침상 편기로 편성되므로 이 편조직을 기본으로 편성한 의류를 싱글 니트 제품, 평편 제품이라 하고 상업적으로는 싱글 니트 제품을 싱글 저지라고도 하며, 그 용도가 넓어 스웨터, 양말, 내의류, 스포츠 셔츠 등 편제품의 전반에 사용되는 편직물이다(김병철 외, 2009).

플레인 조직은 복고풍의 트렌드와 함께 과거의 스웨터를 가져온 듯한 디자인의 활용이나 다양한 장식사의 개발과 함께 그 활용도 더 많이 나타나고 있으며, 주로 심플한 디자인으로 표현되고 있다.

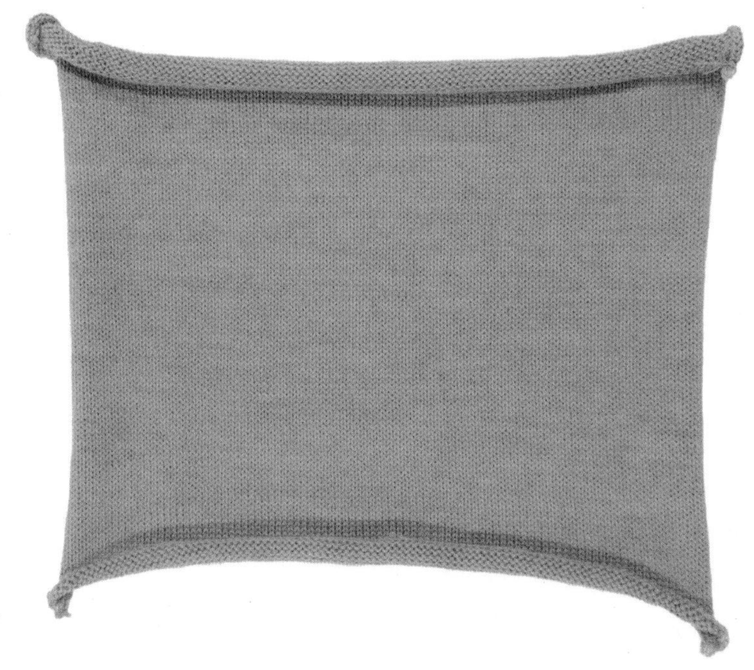

그림 74
평편, 플레인 조직

엠포리오 아르마니의 2013년 S/S 컬렉션에서는 저채도 컬러들을 활용하여 브랜드의 이미지를 담은 봄 · 여름 시즌을 위한 하이 게이지의 스트라이프 문양을 활용한 플레인 조직의 남성 풀오버 니트를 발표하였다●그림 75. 또한 2023년 F/W 컬렉션에서는 트렌디한 색감의 미들 게이지 니크 조직에 인타시아 조직을 적용한 케주얼한 니트 풀오버를 선보였다●그림 76.

에르메스는 고급스러우면서 심플한 남성용 니트를 지속적으로 선보이고 있다. 2017년 S/S 컬렉션에서는 칼라가 달린 셔츠형의 니트 풀오버를 굵은 로우 게이지로 제안하여 케주얼하면서 고급스러운 니트 패션을 제안하였다●그림 77. 또한 2017년 F/W 컬렉션에는 누구나 착용 가능한 기본 아이템의 풀오버를 미들 게이지를 활용하여 제안하였다●그림 78. 최근 2023년 F/W 컬렉션에서는 카디건과 이너 풀오버 세트의 아이템에 디테일한 장식 효과를 적용시킨 니트 패션을 발표하였다●그림 79.

남성 니트웨어를 꾸준히 발표하고 있는 N.21에서는 2017년 F/W 컬렉션에서 플레인 조직의 뒷면 리버스 조직을 활용한 로우 게이지의 카디건을 발표하였다. 특히 플로팅 자카드에 나타나는 배색의 리버스 조직의 원사 처리를 마무리하지 않은 듯 표현하여 깨끗한 조직과 리버스 배색 효과를 활용한 니트 디자인으로 눈길을 끌고 있다●그림 80.

그림 75
스트라이프를 활용한 플레인 조직, Emporio Armani 2013 S/S.

그림 76
미들 게이지 플레인 조직,
Emporio Armani 2023 F/W

그림 77
미들 게이지 플레인 조직,
Hermes 2017 F/W

그림 78
로우 게이지 플레인 조직,
Hermes 2017 S/S

그림 79
로우 게이지 플레인 조직,
Hermes 2023 F/W

그림 80
플레인 평편 조직의 뒷면
리버스 조직을 활용한 카디건.
N.21 2017 F/W

그림 81
플레인 평편 편직 후 염색한 니트웨어.
Bottega Veneta 2014 F/W

그림 82
플레인 조직의 패치워크 활용.
Bottega Veneta 2016 F/W

그림 83
기본 조직을 활용한 로우 게이지
여성 니트,
Gabriela Hearst Fall 2019

플레인 조직의 니트에는 염색, 자수, 비딩, 패치워크 등의 다양한 효과를 더한 디자인들이 나타난다. 보테가 베네타는 2014년 F/W 남성 니트웨어의 로우 게이지 플레인 니트 풀오버에 자유로운 핸드 터치의 염색 효과를 적용하였다● 그림 81. 2016년 F/W 컬렉션에는 셔츠형 니트 풀오버에 체크무늬의 원단 효과의 패치워크를 활용하여 새로운 니트웨어를 선보였다● 그림 82.

가브리엘라 허스트는 자연스러운 울 소재를 로우 게이지의 자연스러운 여성 니트 투피스에 긴 프린지가 달린 숄 디자인을 적용하여 기본 조직과 프린지 장식을 활용하여 변화를 준 디자인을 발표하였다● 그림 83.

(2) 올니들 조직

양면편(all needle) 조직은 0×0 리브(rib)라고도 하며 앞 베드와 뒤 베드의 전침, 모든 바늘을 이용하여 편직하는 조직으로 앞면과 뒷면의 모양이 거의 동일하다. 스웨터의 몸판에 많이 사용하고 리브단 등의 부속에는 그리 많이 사용하지 않는다. 리브 조직의 변형이라고도 할 수 있는데, 2개의 리브 조직이 서로 교차되어 있는 형태이다. 편성물의 앞뒤가 같고, 표면이 매끄럽다. 1×1 리브 조직과 비교하여 신축성이 적고, 형태 안정성이 뛰어나다● 그림 84.

양면편 조직은 기본 조직의 응용 조직으로, 직물의 효과를 나타내는 니트와 비슷한 특성이 있는 섬세한 리브 편직의 변화 조직이다. 올니들 조직은 겉면과 뒷면의 양면 외관이 동일하며 외관은 평편과 유사하지만 평편과 리브편에 비하여 탄력성이 크다. 다른 조직과 다르게 신축성이 적어 안전성이 높으며 편사의 꼬임에 의한 현상과 컬업 현상이 없으며 동일 게이지의 1×1 리브 편조직에 비해 폭이 넓다.

그림 84
양면편 올니들 조직

(3) 리브 조직

리브 조직(rib stitch)은 같은 코스 방향을 따라 편성물의 양쪽에 겉코와 안코의 조합이 된 양면 조직이다. 어떤 코는 겉쪽에서 형성되고, 다른 코는 안쪽에서 형성되어 코의 앞면과 뒷면의 길이 방향을 번갈아가며 보인다. 세로로 무늬가 생기고, 겉과 안의 모양이 같고, 가장자리가 말리지 않는다. 길이 방향에 비해 폭 방향으로 잘 늘어나서 스웨터의 헴라인, 소매의 커프스, 네크라인에 주로 사용된다. 편침의 배열에 따라 1×1, 2×2 등 다양하게 변화를 줄 수 있고, 불규칙하게 편침을 배열할 수도 있다. 평편, 플레인 조직과 같은 베드 넓이의 바늘 수로 편직 시 ●그림 85, ●그림 86와 같이 크기의 변화를 볼 수 있으며, 1×1 리브 조직은 가장 좁은 폭의 편직으로 형성되나 신축성이 좋다.

1×1 리브 조직은 back needle과 front needle을 1바늘씩 교대로 편직한 리브이다. 2×1(2×2) 리브 조직은 back needle과 front needle을 사용한 편직으로, 형성된 모양은 front needle 2개의 앞코를 편성한 다음 back needle로 2바늘의 뒤코를 편성한 모양이다. 2×2 리브 조직과 편직 상태는 거의 유사하여 2×2 리브라고 불리지만 2×2 리브보다 바늘 침수가 적고 폭이 당겨진 상태로 편직되어 신축성이 떨어진다.

편조직의 형태는 앞면과 뒷면의 편침이 한 바늘씩 교차로 건너뛰어 웨일 방향으로 ●그림 87과 같이 1×1로 배열된 것을 1×1 리브 조직이며, 리브 조직의 기본이다. 리브 조직의 편침 배치를 변화시켜 편성하면 2×1, 2×2, 3×3 등과 같은 편조직의 다양한 변화 형태의 조직을 만들 수 있다●그림 88, ●그림 89.

그림 85
플레인 조직과 1×1 리브 조직

그림 86
2×2 리브 조직, 3×3 리브 조직, 4×4 리브 조직

그림 87
1×1 리브 조직과 편침의 구성

그림 88
2×2 리브 조직

그림 89
4×4 리브 조직

리브 조직의 특징은 표면과 이면의 외관이 동일하고, 외관은 평편 조직의 표면과 유사하며 코스 방향으로 신축성이 크다. 양면편 조직은 컬 업 현상이 없어 재단 및 봉제가 편리하며 조직의 끝부분에서만 풀린다. 동일 게이지의 평편 조직에 비해 폭은 좁지만 두꺼운 조직으로 스웨터, 이너웨어, 니트웨어의 소매와 단에서 주로 이용되고 있다.

조직의 활용 방안을 비교하기 위하여 소모사 스트레이트 기본 원사(wool, 2/52s')를 활용하여 12게이지와 7게이지의 리브 조직을 활용한 풀오버를 제작하였다. 리브 조직은 3×3 조직으로 편직하였으며 풀 셰이핑 방법으로 편직하였다. 편직 방법은 풀셰이핑 방법으로 하여 원사의 로스을 최대로 줄이고자 하였다. 원사의 중량을 비교하면 12게이지 3×3 리브 조직 풀오버는 320g, 7게이지 3×3 리브 조직 풀오버는 495g으로 완성되었으며, 이와 같은 중량을 바탕으로 편직 비용과 함께 원가 계산을 비교해볼 수 있다●그림 90, ●그림 91.

그림 90
12게이지, 3×3 리브 조직(320g)

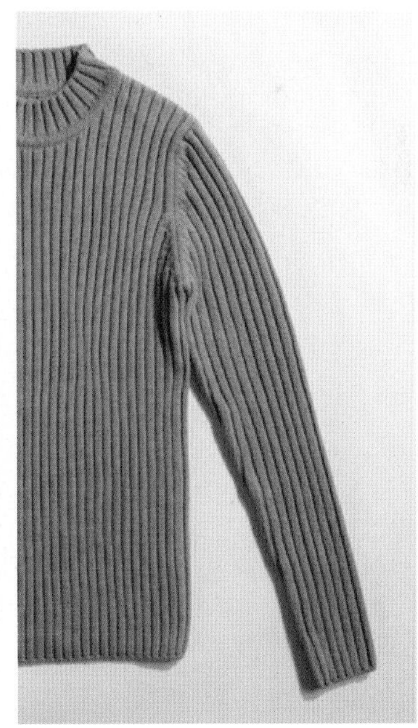

그림 91
7게이지, 3×3 리브 조직(495g)

겐죠의 2015년 S/S 남성 컬렉션에서는 리브 조직을 활용한 4×4 조직의 하이 게이지의 니트 디자인을 발표하였다. 특히 리브 조직에 컬러 변화를 더하기 위하여 원사의 명도 효과를 사용하여 리브 조직의 특성을 더한 슬림한 풀오버를 발표하였다●그림 92. 페라가모의 2020년 F/W 컬렉션에는 리브 조직의 기본인 2×2 조직의 미들 게이지를 활용한 풀오버를 제안하였다. 특히 앞 중심선과 소매 연결 부분에 흰색의 라인 처리가 심플한 니트에 새로움을 더해준다●그림 93.

엠포리오 아르마니는 지속적인 니트 디자인을 발표하고 있다. 특히 기본 조직을 활용한 디자인을 브랜드의 이미지를 담아 자주 보여준다. 2015년 F/W 컬렉션에는 미들 게이지의 2×2 리브 조직을 활용한 지퍼 여밈의 카디건을 발표하였으며●그림 94, 2017년 F/W 컬렉션에서는 로우 게이지의 3×3 리브 조직을 절개하여 활용한 트렌디한 디자인의 니트 카디건을 제안하였다●그림 95.

비건 패션으로 친환경 디자인을 제안하는 스텔라 매카트니는 기능적이면서 여성스러운 디자인을 발표하는데, 2022년 F/W 여성복 컬렉션에는 상하위가 연결된 4×4 리브 조직의 롱 롬퍼스 디자인을 선보였다●그림 96.

그림 92
하이 게이지 4×4 리브 조직,
Kenzo 2015 S/S

그림 93
로우 게이지 2×2 리브 조직,
Ferragamo 2020 F/W

그림 94
미들 게이지 2×2 리브 조직,
Emporio Armani 2015 F/W

그림 95
로우 게이지 3×3 리브 조직,
Emporio Armani 2017 F/W

그림 96
4×4 리브 조직을 활용한 롬퍼스, Stella McCartney Fall 2022

2) 변화 조직

(1) 변형 리브 조직

양면편 조직은 밀라노, 하프밀라노, 하프카디건, 풀카디건 조직으로 많이 활용되고 있다. 밀라노 조직은 이탈리아의 밀라노에서 개발되어 이와 같은 이름이 붙여졌다고 한다. 0×0 리브와 튜뷸러 단수가 반복되는 조직으로 플레인과 리버스의 모양이 같으며, 한 단마다 줄무늬가 생기는 것이 특징이다. 니트 조직 중에서 가장 두껍고 신축성이 적으며 형태 안성성이 있어서 앞단이나 주머니단, 칼라 등 부속용으로도 활용한다. 하프밀라노 조직은 리브에 턱 조직을 응용한 대표적인 조직으로 특징은 플레인 면과 리버스 면이 다르고, 겉면에 돌출된 웨일 방향의 코들은 리브 조직보다 분명하게 나타난다. 같은 게이지, 같은 콧수의 리브편보다 편폭이 넓게 편성된다. 신축성은 리브 조직보다 적다●그림 97, ●그림 98. 과거에는 재킷이나 형태 안정성이 좋은 디자인에 주로 활용되었으나 최근에는 거의 활용되지 않고 있다.

하프카디건은 리브에 턱 니트를 응용한 대표적인 조직으로, 특징은 플레인과 리버스가 다르고, 플레인 면에 돌출된 웨일 방향의 코들은 리브편보다 분명하게 나타난다. 같은 게이지, 같은 콧수의 리브 조직보다 편폭이 넓게 편성된다. 신축성은 리브 조직보다 적다. 풀카디건은 하프카디건과 마찬가지로 리브에 턱을 응용한 조직으로 플레인과 리버스의 모양이 상당히 비슷하고●그림 99, 같은 게이지, 같은 콧수의 하프카디건보다 편폭이 넓게 편성된다●그림 100. 신축성은 하프카디건보다 적다.

그림 97

변형 리브 조직:
밀라노(상) 조직과 하프밀라노(하) 조직

그림 98
변형 리브 조직:
밀라노(상) 조직과 하프밀라노(하) 조직의 겉면과 뒷면

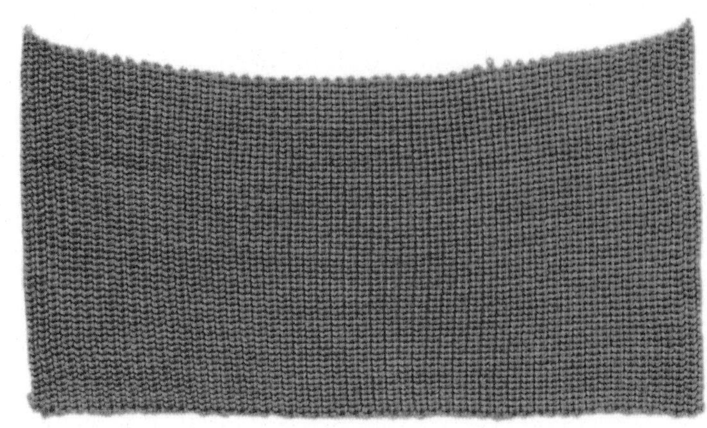

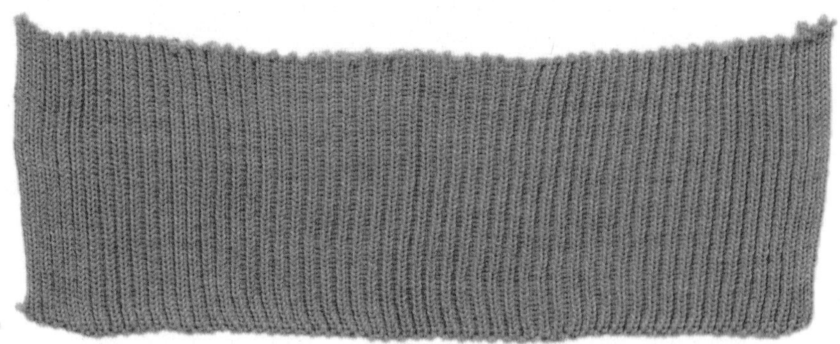

그림 99

변형 리브 조직:
하프카디건(상) 조직과 풀카디건(하) 조직

그림 100

변형 리브 조직:
하프카디건(상) 조직과 풀카디건(하) 조직의 겉면과 뒷면

니트 조직의 기본 리브 조직을 정리하면 ●표 6과 같으며, 기본 조직과 변화 조직을 동일한 바늘 수와 회전수를 적용하였을 경우 크기와 중량을 비교 체크한 결과는 ●표 7과 같다. 플레인 조직과 비교하였을 때 하프밀라노 조직과 밀라노 조

표 6 니트 기본 조직과 변화 조직

조직명		스와치	특성
기본 조직	평편 (plain)		니트 중에서 가장 단순하고 기본이 되는 조직으로, 앞뒤 면의 구분이 분명하고, 웨일 방향보다는 코스 방향으로 잘 늘어나며 얇고 가볍다. 컬 업과 런(래더링) 현상의 발생이 쉽다.
	올니들 (all needle)		0×0 리브라고도 하며, 앞 베드와 뒤 베드의 전침, 모든 바늘을 이용하여 편직하는 조직으로 앞면과 뒷면의 모양이 거의 동일하다. 스웨터의 몸판에 많이 사용하고 리브단 등의 부속에는 그리 많이 사용하지 않는다.
	1×1 리브		back needle과 front needle을 1바늘씩 교대로 편직한 리브. 리브단 등에 사용한다.
	2×1 리브		back needle과 front needle을 사용한 편직으로, 형성된 모양은 front needle 2개의 앞코를 편성한 다음 back needle로 2바늘의 뒤코를 편성한 모양이다. 2×2 리브와 비슷하여 2×2 리브라고 불리지만 2×2 리브보다 신축성이 뛰어나다.

(계속)

직의 중량이 사이즈 대비 무겁게 나타남을 확인할 수 있다. 또한 풀카디건 조직과 하프카디건 조직의 풀오버를 편직하여 비교하였을 때 두 조직의 중량의 차이를 비교할 수 있다●그림 101, ●그림 102.

조직명		스와치	특성
리브 변화 조직	밀라노 (milano)		이태리의 밀라노에서 개발되어 붙여진 이름이다. 0×0 리브 코스와 튜블러 코스가 반복되는 조직으로 앞뒤면의 모양이 같으며, 한 단마다 줄무늬가 생기는 것이 특징이다. 니트 조직 중에서 가장 두껍고 신축성이 적어 안정성이 있어서 앞단이나 주머니 단, 칼라 등 부속용으로 사용한다.
	하프밀라노 (half milano)		밀라노 리브와 올니들 리브의 중간형으로, 안정성이 있어서 재킷이나 점퍼 등의 외의용으로 많이 사용된다.
	풀 카디건 (full cardigan)		리브에 턱을 응용한 조직으로(플레인과 리버스의 모양이 상당히 비슷), 같은 게이지, 같은 콧수의 하프카디건보다 편폭이 넓게 편성된다. 신축성은 하프카디건보다 적다.
	하프 카디건 (half cardigan)		리브에 턱편을 응용한 대표적인 조직으로, 플레인과 리버스가 다르다. 플레인 면에 돌출된 웨일 방향의 루프들은 리브편보다 분명하게 나타난다. 같은 게이지, 같은 콧수의 리브편보다 편폭이 넓게 편성된다. 신축성은 리브편보다 적다.

표 7 니트 기본 조직과 변화 조직의 게이지별 중량 비교

조직명		12GG 중량 (190침*300회전)	7GG 중량 (108침*136회전)
기본 조직	평편(plain)	30cm×27.5cm, 22.3g	28cm×24cm, 25.8g
	올니들(All needle)	26.5cm×20cm, 32.3g	27.5cm×18cm, 38.9g
	1×1 리브	14cm×23cm, 18.4g	15cm×21cm, 22.8g
	2×1(2×2) 리브	15cm×27cm, 20.7g	15cm×21.5cm, 23.4g
	3×3 리브	11cm×26cm, 20.1g	14cm×22cm, 23.9g
	4×4 리브	10cm×25cm, 21.2g	11cm×21cm, 23.1g
리브 변화 조직	밀라노(milano)	26cm×19cm, 33.8g	27cm×16.5cm, 39.5g
	하프밀라노(half milano)	29.5cm×16.5cm, 26.8g	31cm×14cm, 31.3g
	풀카디건(full cardigan)	33cm×12cm, 18g	31cm×10.5cm, 19.6g
	하프카디건(half cardigan)	24.5cm×14cm, 18.8g	27cm×12.5cm, 21g

그림 101
풀카디건 조직 풀오버(420g)
7게이지 원사: 램스울

그림 102
하프카디건 조직 풀오버(410g)
7게이지 원사: 램스울

변형 리브 조직 중 컬렉션에 많이 나타나는 조직은 하프카디건 조직과 풀카디건 조직으로, 베이직하며 트렌디한 디자인이 발표되고 있다. 페라가모는 2020년 F/W 컬렉션에서 로우 게이지의 풀카디건 조직으로 기본 카디건을 발표하였다. 벌키한 느낌의 로우 게이지 카디건은 캐주얼한 분위기로 연출되었다● 그림 103. 변형 리브 조직은 두께감이 있어서 가을 · 겨울 시즌의 니트 패션으로 주로 발표되고 있으나, 페라가모는 2018년 S/S 시즌에도 화이트 컬러의 면 소재로 보이는 원사를 미들 게이지에 적용하여 봄을 맞이하는 밝은 분위기의 래글런 슬리브 변형 스타일의 니트웨어를 선보였다● 그림 104. 에르메스는 2017년 F/W 컬렉션에서 로우 게이지로 편직된 기본 풀오버를 발표하였다● 그림 105. 브리오니의 2015년 F/W 시즌에 발표된 V넥의 풀오버는 하프카디건 조직을 잘 나타낸 디자인이다● 그림 106.

여성복에도 볼드한 분위기의 디자인에 풀카디건 조직과 하프카디건 조직이 활용되어 발표되었다. 알토(Aalto)는 굵은 로우 게이지의 풀카디건 조직으로 풍성하고 멋스러운 실루엣의 여성 니트웨어를 제안하였다● 그림 107. 일라 존스(Ila Johnson)는 스트라이프 효과의 스페이스다잉 원사를 하프카디건 조직에 변화를 주어 여유 있는 여성용 풀오버로 제안하였다. 특히 콧수를 조정하여 퍼프 분의기를 연출한 소매 디자인을 발표하였다● 그림 108. 하프카디건이나 풀카디건 조직은 1×1 리브 조직에서 콧수와 조직의 변화를 활용하여 러플 효과를 낼 수 있는 조직으로 여성복에 적용되고 있다. 겐조의 2007년 F/W 시즌에 발표된 볼드한 스트라이프 색감으로 변화를 준 러플 조직의 롱 니트 카디건은 니트 디자인에 새로움을 선사한 작품으로 기억되고 있다● 그림 109.

그림 103
풀카디건 조직 남성 카디건, Ferragamo 2020 F/W

그림 104
풀카디건 조직 활용, Ferragamo 2018 S/S

그림 105
풀카디건 조직 활용, Hermes 2017 F/W

그림 106
하프카디건 조직, Brioni 2015 F/W

그림 107
풀카디건 조직 여성 니트, Aalto 2021 F/W

그림 108
하프카디건 조직 여성 풀오버
Ila_Johnson 2021 F/W

그림 109
변형 리브 조직의 러플 활용 롱 코트.
Kenzo 2007 F/W

(2) 플레인 변형 조직

기본 편직 조직 외의 변화 조직들은 컴퓨터 니트 자카드 기계에 의해 편직하며 일반적으로 조직 자카드라고도 한다. 배색을 응용하는 디자인의 니트는 컴퓨터 컬러 니트 자카드 편직기를 이용하여 편직한다. 위편성물의 변형 조직으로는 양두(links & links stitch), 턱(tuck stitch), 레이스(lace stitch), 미스 또는 플로팅(miss stitch, floating stitch), 케이블(cable stitch) 등이 있다.

① 양두 조직

양두 조직은 겉면 조직과 뒷면 조직의 변화로 만들어지는 조직으로, 링스 앤 링스, 펄(purl stitch), 가터(garter stitch) 등의 다양한 조직과 명칭이 있다. 펄 조직은 양두 편기에서 편직되는 대표적인 조직으로 편성물의 한쪽 면에서 코의 표면과 이면이 번갈아가며 보인다. 또한 길이 방향으로 신축성이 좋다.

양두 조직은 북유럽 전통 니트 제작 방법으로 건지(Ganseys) 지역 어부들이 착용했던 스웨터의 대표 조직이다. 건지 지역 고유의 양두 니팅 패턴이 있었으며 이러한 패턴은 아일랜드 각 씨족들의 신분증 역할을 했다 ●그림 110. 마을마다, 또 지역마다 다양하며 고유한 양두 조직을 활용하였으며, 어부들이 바다에서 실종되었다가 뒤늦게 발견되었을 때 착용한 니트웨어로 신분을 알아볼 수 있었다고 한다. 이러한 건지 니트 패턴은 독특하며 어머니에서 자식에게, 딸에게로 대대로 전해졌다. 건지 니트의 다양한 조직의 모티프는 어부 가족의 삶에서 일상적인 물건에서 영감을 얻었다. 가장 잘 알려진 디자인 중 일부는 밧줄, 그물, 앵커 및 헤링본을 나타낸다. 다른 패턴은 파도, 우박 또는 번개에 의해 만들어지는 메아리 모양인 날씨를 기반으로 한다(Anthon Beeke, Lidewij Edelkoort, 1998).

건지 니트는 풍부한 장식, 상징성, 장인정신, 깊은 문화적 의미를 기반으로 발전했다. 기본 형태는 다양하게 분리되면서 유지되었으며, 무한한 시각적 변화를 제공하고 있다.

그림 110
건지 지역 니트를 착용한 남성(어부)

양두 링스 조직 중 평편 조직의 겉면과 뒷면이 코스 방향으로 번갈아 편성되면서 1×1로 배열되는 것을 1×1 펄 조직이라 한다(김병철 외, 2009). 기본 조직을 1×1로 하고 이외에도 2×1 펄편, 3×1 펄편, 2×2 펄편이 있고, 코스 방향으로 교차되는 열수에 따라 바스켓 펄편(basket purl stitch), 모스편(moss stitch) 등으로 나타난다 ●그림 111, ●그림 112.

플레인 기본 조직의 변화 조직으로 링스 조직은 그 특성이 겉면과 뒷면의 조직이 거의 동일하게 나타난다. 웨일 방향으로 신축성이 크지만 리브 조직보다는 떨어진다. 양면 조직은 플레인 조직에 나타나는 컬 업 현상이 없어 재단이나 봉제가 쉬우며, 편성의 처음과 끝이 구별이 안 되고, 동일 게이지의 평편 조직에 비해 두껍게 표현된다. 남성복, 여성복, 아동복 등에 잘 활용되는 조직이며 다양한 텍스처 효과가 나타난다.

그림 111
양두 조직(links & links stitch, purl stitch, garter stitch)

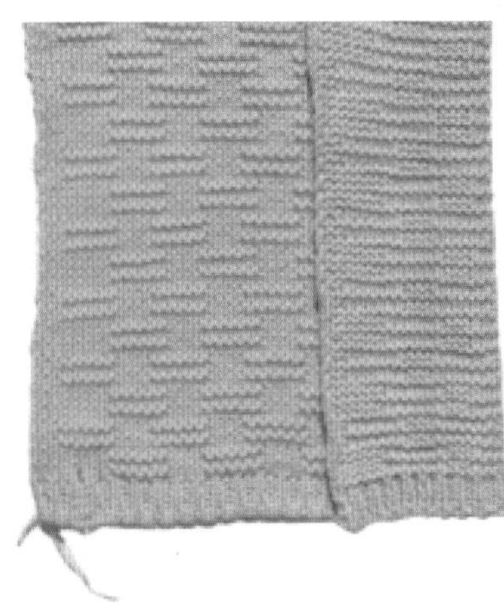

그림 112
양두 조직의 겉면(좌)과 안면(우)

엠포리오 아르마니의 2014년 F/W 남성복 컬렉션에서는 기본 펄 조직을 로우 게이지로 활용하여 점퍼 카디건 디자인을 제안하였다● 그림 113. 디올 옴므의 2015년 S/S 컬렉션에서는 로우 게이지에 스트라이프 배색을 링스 조직과 같이 활용하여 단순하면서도 조직감을 더하여 변화를 준 니트 풀오버 디자인을 발표하였다● 그림 114. 에르메스의 2022년 F/W 컬렉션에는 플레인 조직과 링스 조직을 케이블 조직에 적용시켜 편직하고 검정과 흰색의 둥근 요크 라인으로 포인트로 처리한 풀오버 디자인을 선보였다● 그림 115. 펜디는 핸드 니트 터치의 카디건에 링스 펄 조직으로 편직하고 펜디의 로고로 처리된 볼드한 머플러를 두른 디자인을 발표하여 눈길을 끌었다● 그림 116.

그림 113
플레인 변형 펄 조직 니트 점퍼 카디건.
Emporio Armani 2014 F/W

그림 114
링스 조직과 스트라이프 배색
활용 디자인, Dior Homme 2015 S/S

그림 115
링스 조직과 케이블 조직 혼합 활용,
Hermes 2022 F/W

그림 116
링스 조직 활용, Fendi 2020 F/W

② 턱 조직

턱 조직은 니팅이 이루어지지 않도록 아래 단의 코와 함께 몇 단을 니팅하지 않고 가지고 있다가 새로운 코를 만드는 방법이다. 기본 조직 중에서 2단 이상으로 길게 루프를 형성하는 편조직이다. 한 개의 루프를 다음 코스의 루프와 합쳐서 그 다음 루프에 거는 조직으로 두껍고 질긴 편성물이 얻어진다● 그림 117.

턱 조직은 겉면과 안면의 조직이 확실히 다르게 나타난다● 그림 118. 벌집 문양의 형성 조직이 나타나기도 하며, 이러한 특징을 활용하여 스트라이프 배색을 활용하면 새로운 느낌의 편직 디자인으로 활용이 가능하다● 그림 119. 조르지오 아르마니의 2014년 F/W 컬렉션에서도 로우 게이지에 스트라이프 배색으로 턱 조직을 활용한 남성 풀오버를 제안하였다● 그림 120.

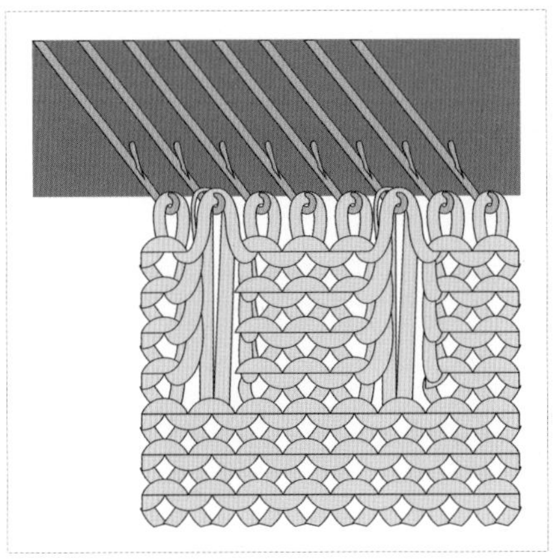

그림 117
턱 조직의 편직 방법

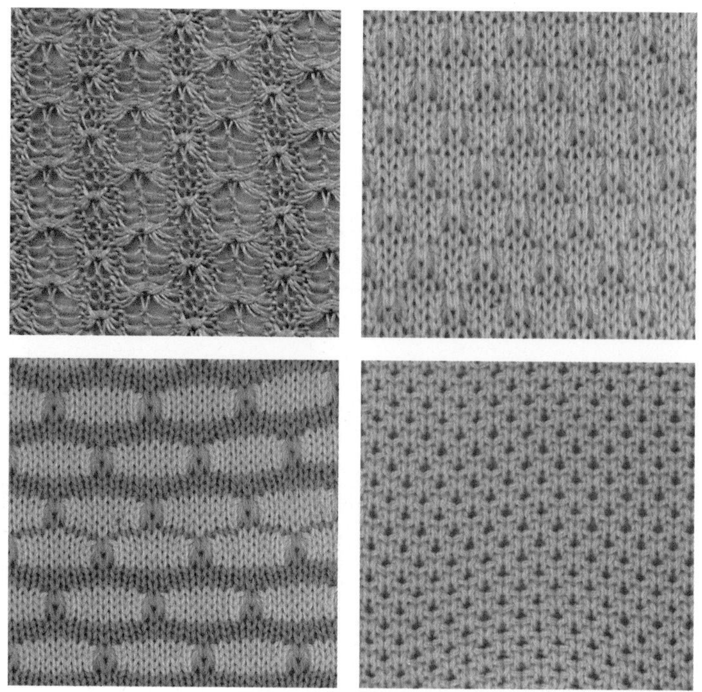

그림 118
턱 조직의 다양한 변형 조직

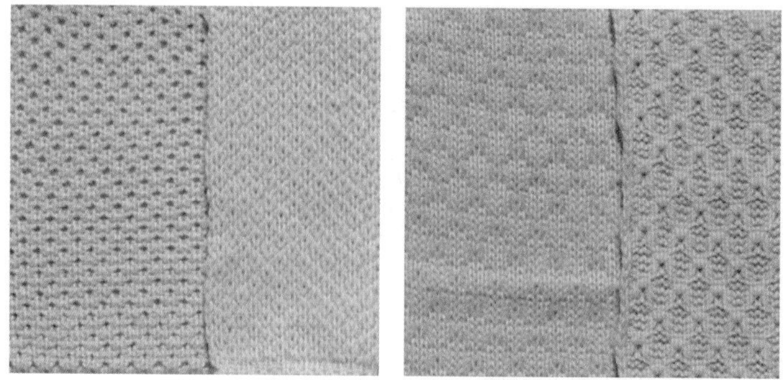

그림 119
턱 조직의 변형 조직

그림 120
턱 조직의 배색 활용. Giorgio Armani 2014 F/W

③ 레이스 조직

레이스 조직은 루프를 건 웨일의 루프에 옆 바늘의 루프를 합쳐 걸어 편성하는 조직으로 구멍이 생겨 레이스 무늬를 형성하는 조직이다●그림 121. 레이스 조직은 일반적으로 봄 · 여름 니트웨어에 주로 활용하였으나●그림 122, 헤어리 원사를 활용한 가을 · 겨울용 니트웨어 디자인에도 많이 활용되어 나타나고 있다.

알렉산더 맥퀸은 2008년 F/W 컬렉션에서 헤어리한 가는 세사를 활용하여 맥퀸만의 레이스 조직 활용 니트 원피스를 발표하였다. 미들 게이지로 보이는 매우 정교하고 쿠튀르적으로 표현된 레이스 니트 원피스는 니트 디자인의 고급스럽고 정교한 느낌을 전달해주는 디자인이다●그림 123. 구찌(Gucci)의 2022년 F/W 컬렉션에서는 헤어리한 원사를 로우 게이지에 적용하여 시스루한 레이스 조직의 상하의 니트 투피스와 모자를 디자인하여 구찌의 특성을 담은 복고적 니트 패션을 발표하였다●그림 124.

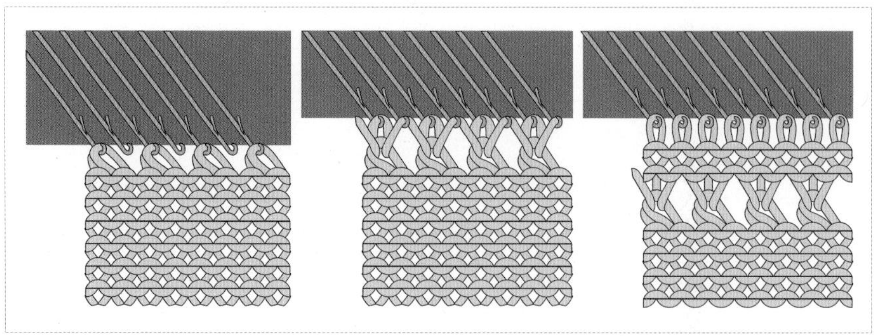

그림 121
레이스 조직의 편성 방법

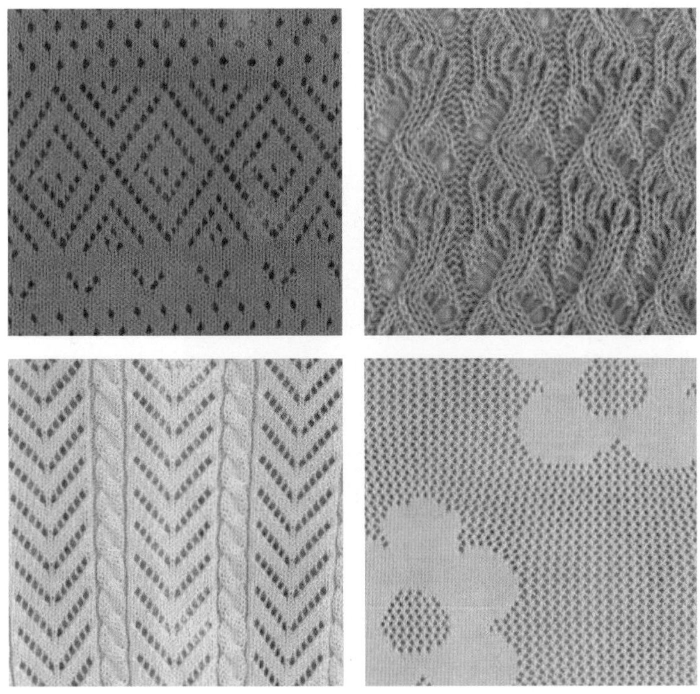

그림 122
레이스(포인텔, 스카시) 문양의 다양한 변화 조직

레이스 조직은 여성스러운 이미지로 여성 니트웨어에 주로 사용하였으나 최근 로맨틱 트렌드의 흐름과 함께 남성 니트웨어에도 등장하고 있다. 비비안 웨스트우드의 2015년 F/W 남성복 컬렉션에서는 펑키하고 자유로운 남성의 이미지를 헤어리 원사를 활용한 로우 게이지의 레이스 조직을 활용하여 발표하였다●그림 125. 엠포리오 아르마니는 2023년 S/S 컬렉션에서 다양한 레이스 조직을 인타시아 편직 기법과 혼용하여 변화로운 남성용 레이스 니트를 제안하였다●그림 126. 디올 옴므 2017년 S/S 컬렉션에서는 다양한 레이스 조직을 적용하여 심플하면서 독특한 민소매 니트웨어를 발표하였다●그림 127.

그림 123
다양한 레이스 조직 활용 니트 원피스,
Alexander McQueen 2008 F/W

그림 124
레이스 조직 활용,
Gucci 2022 F/W

그림 125
레이스 조직 활용,
Viviene Westwood 2015 F/W

그림 126
레이스 조직 활용,
Emporio Armani 2023 S/S

그림 127
레이스 조직 활용,
Dior Homme 2017 S/S

④ 웰트 조직, 미스 조직, 플로팅 조직

웰트 조직은 미스 조직, 플로팅 조직이라고도 하며, 새로운 루프를 형성하지 못하는 형태로 코스 도중에 루프를 만들지 않고 띄우는 편성으로서, 뒷면에는 실이 옆으로 길게 직선으로 떠 보이나 표면에는 긴 코가 나타나므로 변화가 생겨 무늬를 나타내는 데 이용한다●그림 128, ●그림 129.

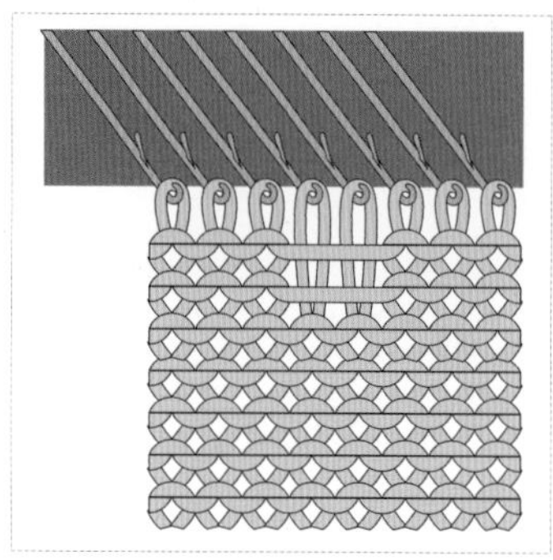

그림 128
미스 조직의 편성 방법

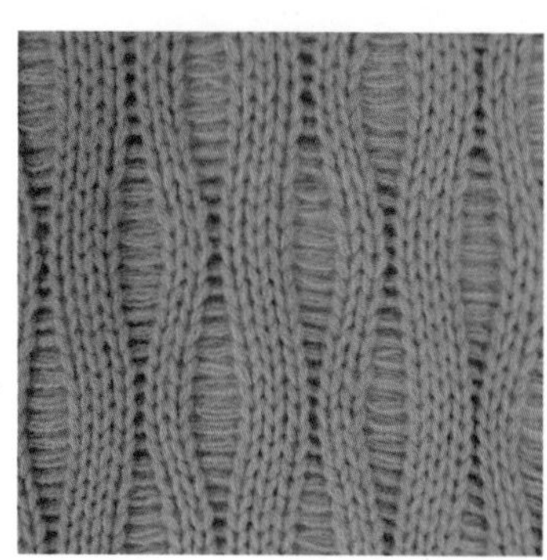

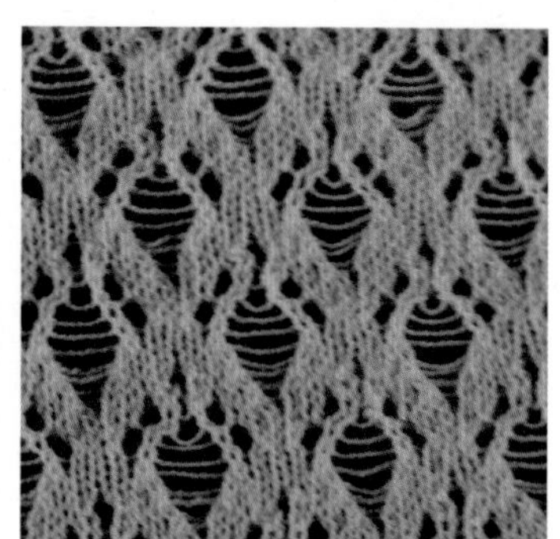

그림 129
미스 조직의 변화

최근 니트 패션에서는 빈티지한 분위기를 연출하기 위한 조직으로 바늘을 비워 부편 편직의 미스 조직으로 형성된 조직이 많이 나타나기도 한다. 발망은 검정 풀오버에 부편을 활용하여 오렌지 셔츠와의 어울림을 표현하였다●그림 130. 우영미의 2015년 S/S 컬렉션에서는 피부색과 비슷한 베이지 원사에 미스 조직을 활용하여 봄·여름 시즌의 셔츠형 남성 풀오버 니트를 제안하였다●그림 131. 친환경 패션을 지향하는 가브리엘라 허스트는 2021년 F/W 컬렉션에서 내추럴한 분위기의 니트 원피스를 발표하였으며●그림 132, 2023년 S/S 시즌에도 미스 조직에 변화를 준 니트 원피스를 발표하였다●그림 133.

그림 130
부편 조직 남성 풀오버, Balmain 2017 S/S

그림 131
부편 조직 셔츠형 남성 니트, WooYongMi 2015 S/S

그림 132
미스 조직 원피스, Gabriela Hearst 2021 Fall

그림 133
미스 조직 원피스, Gabriela Hearst 2023 Spring

⑤ 케이블 조직

케이블 조직은 루프를 교차 편직한 조직이다. 예를 들어, 6올의 루프 코 부분을 3개와 3개로 나누고 편성 중에 각각의 3올에 걸려 있는 실을 편직 회전 일정 간격마다 교차하여 케이블 무늬를 표현한다●그림 134. 교차하는 루프의 수나 방향 등에 따라 다양한 케이블 조직이 생성된다●그림 135. 케이블 조직은 전통 아란 패턴으로 주로 많이 활용되나 교차시키는 니팅 회전 시간이 늘어나서 편직이 일반 편직보다 오래 소요되어 편직 비용이 고가인 편이다.

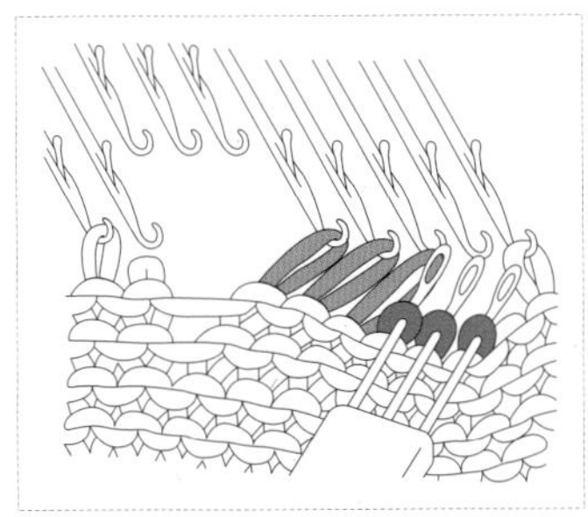

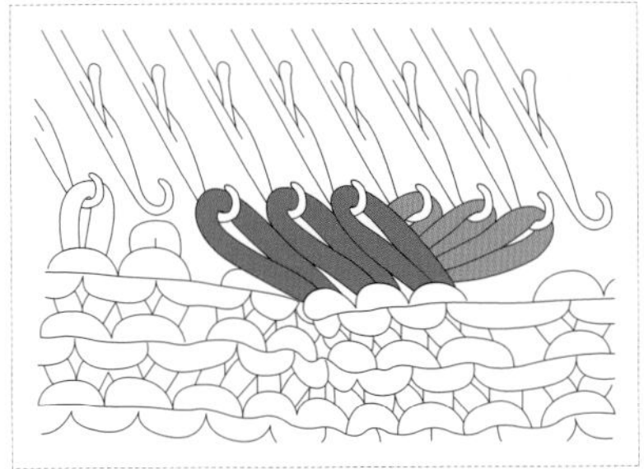

그림 134

3×3 케이블 편의 교차 편직 방법

그림 135

케이블 조직 변화

케이블 니트 패턴은 북유럽 니트의 전통 문양 아란 스웨터(Aran sweater)에서 주로 나타나면서 전해졌다. 아일랜드 서쪽에 떠 있는 3개의 작은 섬들로 이루어진 아란 제도는 아란 스웨터의 기원이라 한다. 당시 아란 스웨터는 남성 어부들이 주로 착용한 의복이다. 피셔맨 스웨터의 한 종류로 '아이리시 스웨터'라고도 부른다. 거친 원사의 로우 게이지의 핸드 니트로 짜여진 방한복으로 다이아몬드 패턴, 지그재그 패턴 등을 조합하여 입체적인 패턴을 만들어낸다(Fashion dictionary the compilation committee, 1999) ●그림 136. 전형적인 아란 스웨터는 중심 패널, 두 개의 사이드 패널, 그리고 케이블 스티치들로 이루어져 있으며, 교차 편직을 통해 나타내는 기법으로, 케이블 패턴, 벌집 패턴, 다이아몬드 패턴, 격자 패턴의 효과 등으로 구성된 문양의 니트로 많은 패턴 중 꼬인 밧줄 모양의 케이블 디자인이 기본이다(Juleana Sissons, 2010).

케이블 조직은 바다에서 행운과 안전을 약속하는 아일랜드 어부의 밧줄을 상징하며, 다이아몬드 조직을 형성하는 케이블 조직은 그물망의 모양으로 성공과 부를 상징한다. 벌집 모양의 케이블은 열심히 일하고 노동에 대한 보상을 보장하는 벌을 상기시켜주는 것이며, 지그재그 모양의 케이블 조직은 결혼한 부부들이 겪는 우여곡절을 의미한다●그림 137. 현대적 니트 패션에서는 케이블 조직을 다양하게 활용하여 아란 스웨터를 편직하기도 한다●그림 138.

케이블 조직은 지속적으로 등장하는 니트 조직으로 레트로 트렌드 경향과 함께 최근 컬렉션에 많이 응용되며 사용되고 있다. 특히 케이블 편이 잘 나타나기 위해서는 하이 게이지보다는 미들 게이지나 로우 게이지로 많이 활용된다. 토드 스나이더에서도 지속적으로 남성 니트를 발표하고 있다. 2015년 F/W 컬렉션에서는 로우 게이지에 격자로 루프를 교차하여 전통적이면서도 현대적인 니트 카디건을 제안하였다●그림 139. 또한 핸드 니트 느낌의 볼드한 케이블 조직도 많이 나타나고 있는데 프링글 오브 스코틀랜드(Pringle of Scotland)의 볼드한 케이블 카디건은 슈트와 스타일링하여 니트 소재의 자유스러움과 멋진 분위기를 연출하였다●그림 140. 다른 소재와 혼합하여 새로운 느낌을 전달하기도 하는데 펜디의 2014년 F/W

그림 136
북유럽 전통 아란 니트 카디건

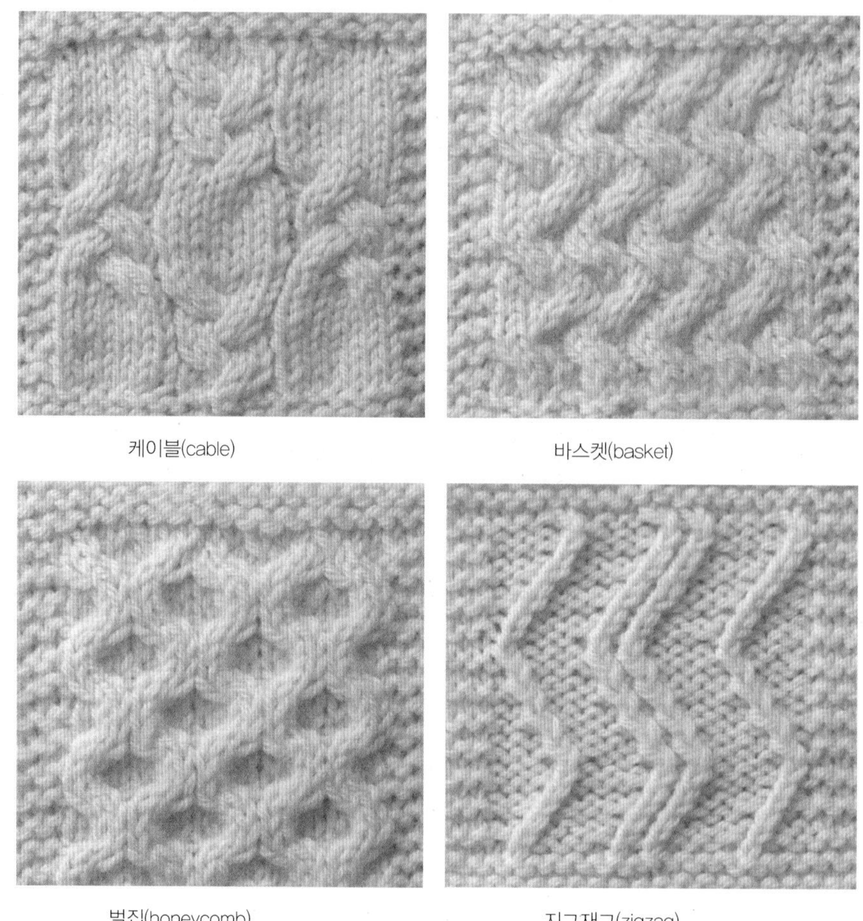

그림 137
북유럽 전통 아란 니트 패턴

그림 138
다양한 아란 패턴 활용 풀오버

컬렉션에서는 헤어리한 소재와 혼합하여 고급스러운 따뜻한 니트 풀오버를 제안하였다●그림 141.

사카이 컬렉션에서는 전통적 니트 문양을 활용한 니트 디자인을 많이 발표하고 있다. 2016년 F/W 컬렉션에서는 와인 컬러의 미들 게이지를 활용하여 전통 아란 패턴을 현대적으로 표현하여 발표하였으며●그림 142, 2019년 F/W 컬렉션에서는 전통 아란 패턴 조직에 벨트 조직을 편직하고 땋아서 케이블 모양을 형상화하여 덧붙인 니트 풀오버를 선보였다●그림 143. 스텔라 매카트니의 2018년 F/W 컬

그림 139
케이블 조직 남성 카디건,
Todd Snyder 2015 F/W

그림 140
케이블 조직 남성 카디건,
Pringle of Scotland 2015 F/W

렉션에는 V 네크라인을 따라 케이블 조직을 형성한 루즈한 실루엣의 남성복 디자인을 선보였다●그림 144. 알렉산더 맥퀸의 맥퀸맨 2020년 F/W 컬렉션에서는 전통 아란 니트 풀오버에 섬세하면서도 거친 자수를 대비되게 적용하여 니트 디자인에 새로움을 더한 디자인을 선보였다●그림 145. 장폴 고티에는 남성 니트에 주로 활용되었던 아란 케이블 니트의 아란 패턴을 여성의 우아한 니트 드레스로 변신시켜 새로운 디자인을 발표하여 주목을 받았다●그림 146.

그림 141
케이블과 헤어리 원사 혼합 활용 풀오버, Fendi 2014 F/W

그림 142
전통 아란 패턴의 현대적 활용.
Sacai 2016 F/W

그림 143
전통 아란 패턴 조직에 벨트 조직의 케이블 모양을 활용한 풀오버.
Sacai 2019 F/W

그림 144
다양한 케이블 조직의 활용,
Stella McCartney 2018 F/W

그림 145
전통 아란 케이블 패턴과 자수를 활용한 풀오버,
Mcqueen Mens 2020 F/W

그림 146
전통 아란 패턴의 현대화.
Jean-Paul Gaultier

플레인 변형 조직을 정리하면 ●표 8과 같다.

표 8 플레인 조직의 변형 조직

조직명	스와치	특성
양두 조직 (links & links stitch		양두의 대표적인 조직으로, 길이 방향으로 신축성이 좋다. 겉면과 안면의 조직이 거의 동일하게 나타나고 웨일 방향으로 신축성이 크나 리브 조직보다는 떨어진다. 컬 업 현상이 없어 재단이나 봉제가 쉬우며, 편성의 처음과 끝의 구별이 안 되고, 동일 게이지의 평편 조직에 비해 두껍게 표현된다.
턱 조직 (tuck stitch)		편직이 이루어지지 않도록 밑의 루프와 함께 몇 단을 가지고 있다가 새로운 코를 만드는 방법이다. 기본 조직 중에서 2단 이상으로 길게 루프를 형성하는 편조직으로, 겉면과 안면의 조직이 확실히 다르게 나타난다.
레이스 조직 (lace stitch)		루프를 건 웨일의 코에 옆 바늘의 코를 합쳐서 걸어 편성하는 조직으로, 구멍이 생겨 레이스 무늬를 형성한다. 여름 소재로 주로 활용하였으나, 헤어리 원사를 활용한 가을·겨울용 니트웨어 디자인에도 많이 활용된다.
웰트 조직 (welt stitch), 미스 조직 (miss stitch)		미스(miss)라고도 하며, 새로운 코를 형성하지 못하는 형태로 코스 도중에 코를 만들지 않고 띄우는 편성이며, 뒷면에는 실이 옆으로 길게 직선으로 떠 보이나 표면에는 길게 루프가 나타나 변화가 생겨 조직을 형성한다.
케이블 조직 (cable stitch)		교차 편직 조직으로, 4개, 6개의 루프 코 부분을 2×2 또는 3×3개로 나누고 편성 중에 각각의 3올에 걸려 있는 실을 어느 일정 간격으로 교차 편직하여 케이블 조직을 표현한다. 교차하는 루프의 수나 방향 등에 따라 다양한 케이블 조직을 생성한다.

(3) 컬러 자카드 조직

자카드(jacquard)라는 용어는 조지프 마리 자카드(Joseph Marie Jacquard)가 1804년에 발명한 직물에서 이름이 만들어졌으며, 경사 선침 장치에서 유래되었다. 니트에 있어서는 바늘을 개별적으로 선택해서 색사에 의한 무늬를 내는 장치를 뜻하고, 자카드 장치에 의한 무늬를 자카드 무늬라고 한다. 자카드는 기본적으로 디자인에 따라 보여지는 패턴의 바늘은 앞 베드에서 니팅되고 그렇지 않은 바늘은 뒤 베드에서 니팅한다. 같은 구간에서 색상의 수가 증가하면 소요되는 실의 양이 증가되고 편직은 그만큼 두꺼워진다(홍명화, 최경미, 2009).

자카드는 리버스 조직에 따라 버드아이 자카드(bird'eye jacquard), 래더백 자카드(ladder's back jacquard, binding jacquard), 플로팅 자카드(floating jaquard, single jacquard), 튜뷸러 자카드(tubular jacquard), 블리스터 자카드(blister jacquard), 노멀 자카드(nomal jacquard), 트랜스퍼 자카드(transfer jacquard)의 7가지로 구분된다. 또한 편직의 종류와 특성에 따라 크기, 중량, 물성에 차이가 있다● 그림 147.

① 버드아이 자카드

버드아이 자카드(bird eye jacquard)는 자기 색상 영역에서는 모든 바늘을 편직하고 다른 색상 영역에서는 뒤의 바늘만 편직하는 노멀 자카드 방법에서 뒤의 바늘 중 선침된 것만 편직되는 조직이다. 앞 베드의 바늘들은 전부 코를 형성하지만 뒤 베드의 바늘들은 하나 걸러 선침이 되어 코를 형성하기 때문에 원사 소요량 및 표면의 무늬 늘어남 현상이 많이 줄어들어 무늬 구성이 어느 정도 가능하지만 자카드의 색상 수가 많아지면 노멀 자카드보다는 덜하지만 무늬가 늘어나는 현상과 편직의 두꺼워짐이 나타나게 된다. 일반적으로 2~4가지 색상으로 작업 시 가장 선호되는 방법이며●그림 148, 약간 두껍고 중량이 있어서 가을 · 겨울 제품에 주로 활용된다.

일반적으로 큰 문양은 인타시아 조직으로 편직되는 경우가 많은데, 3~4가지 컬러 배색의 작업은 버드아이 자카드가 경제적으로 선호되는 조직이다. 니들스의 카디건은 겉면의 패턴만 본다면 인타시아 작업의 가능성이 있으나, 여러 상황을 고려해서 버드아이 자카드로 편직되었다●그림 149. ●그림 150의 아가일 패턴 풀오버와 카디건의 경우, 인타시아 조직으로 대표되는 아가일 패턴을 버드아이 자카드 조직을 활용하여 편직 비용을 절감한 디자인이다. ●그림 151의 니트 풀오버는 친환경 디자인으로 주목받고 있는 스텔라 매카트니의 작품으로, 자연의 동식물과 함께하는 의미의 프린트나 니트 조직을 활용하며 환경보호 메시지를 전달하고자 하였다. 그녀는 승마를 좋아하며 패션 디자인에도 말과 자연을 사랑하는 모습을 담아 2017년 F/W 시즌에는 말의 움직이는 모습을 버드아이 자카드로 표현하였다.

버드아이 자카드 래더백 자카드 플로팅 자카드 튜뷸러 자카드

그림 147

컬러 자카드 7개 조직의 겉(위)면과 뒷면(아래)

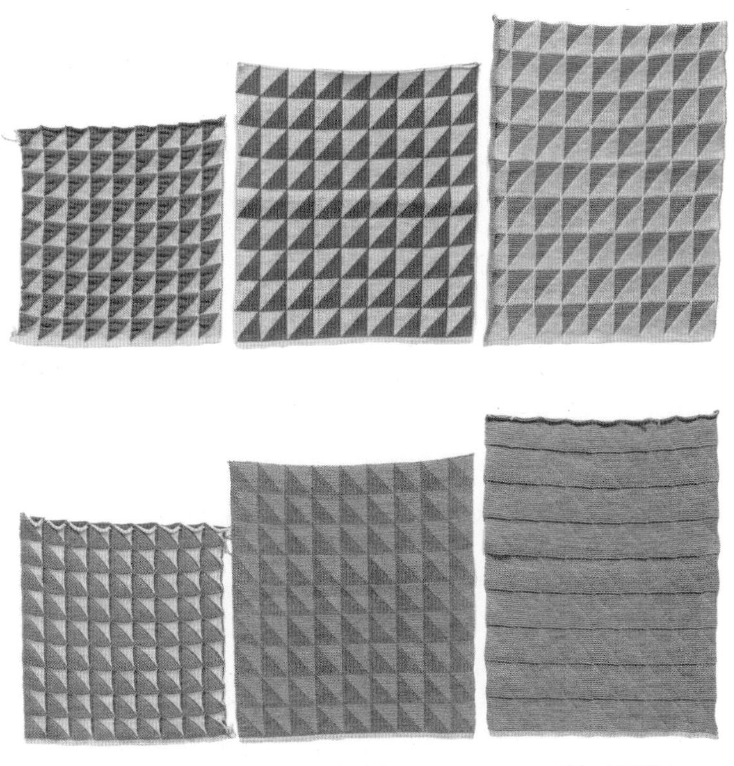

블리스터 자카드　　노멀 자카드　　트랜스퍼 자카드

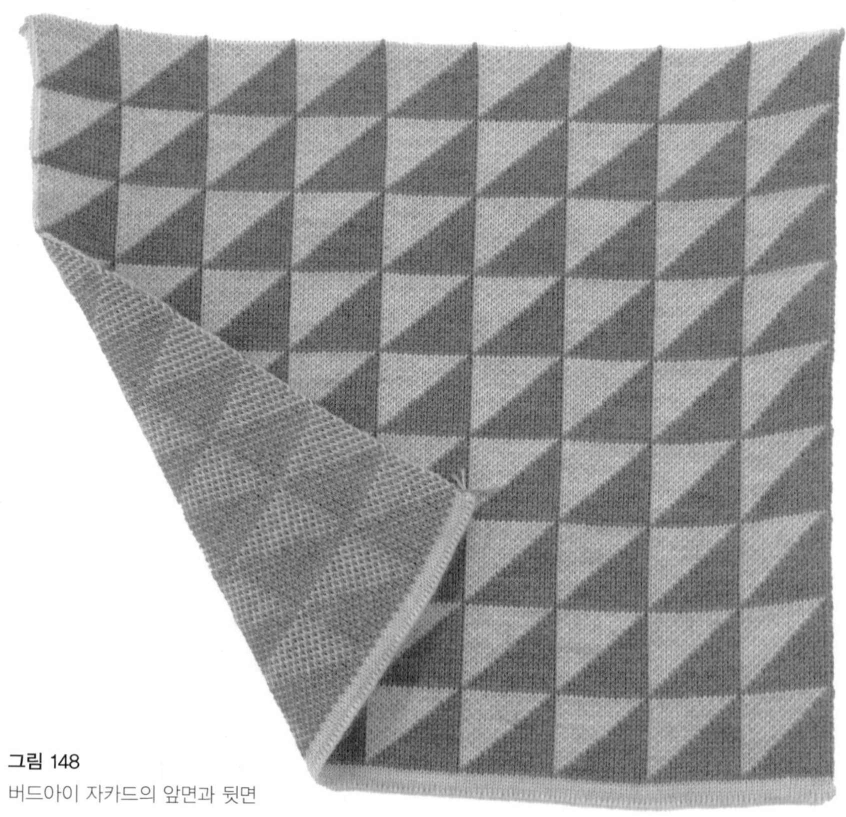

그림 148
버드아이 자카드의 앞면과 뒷면

그림 149
버드아이 자카드 조직을 활용한 남성 카디건, 3색 배색

그림 150
아가일 패턴을 활용한 버드아이 자카드 조직의 3색 배색 풀오버와 카디건

그림 151
버드아이 자카드로 추정되는 니트 디자인. Stella McCartney 2017 F/W

② 플로팅 자카드

플로팅 자카드(floating jacquard)는 싱글 자카드(single jacquard)라고도 하며, 2가지 이상의 실을 사용해서 자기 색상 영역에서는 앞 바늘로 편직하고 자기 색상 영역이 아닌 곳에서는 웰트, 플로팅으로 편직하는 자카드다. 주로 줄무늬를 이루는 문양의 디자인이나 전통 페어아일 패턴 등에 사용된다. 플로팅 자카드의 특징은 무늬가 되는 실이 니트되어 있는 곳은 다른 실이 턱이 된 상태로 있기 때문에 무늬가 되지 않는 실이 떠 있다. 이처럼 표면에 나타나지 않는 무늬의 실이 뒷면에 떠 있는 무늬가 확실히 나온다는 장점이 있음과 동시에 니트되지 않는 실이 생지의 신축성을 적어지게 하는 단점도 있다● 그림 152.

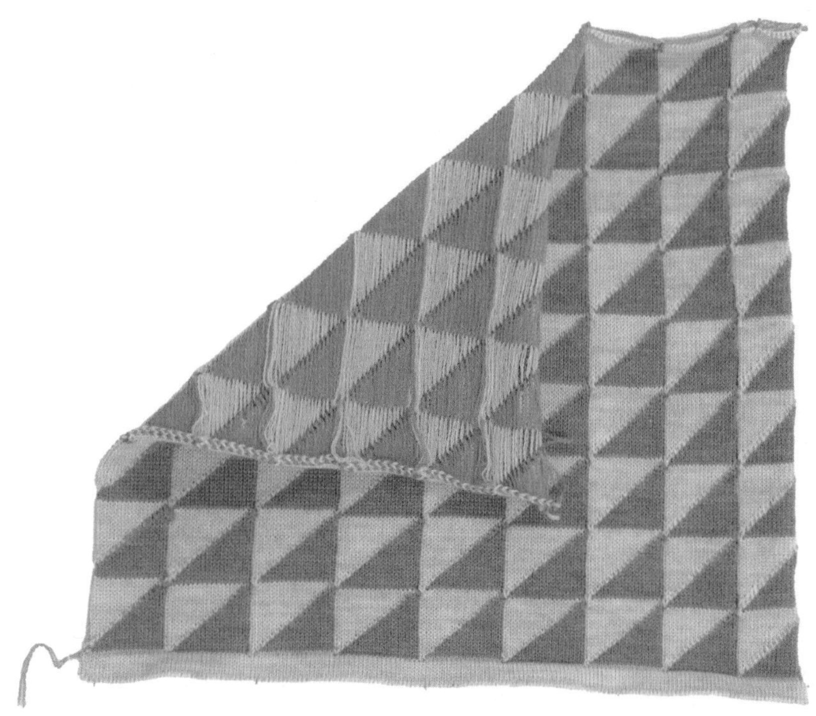

그림 152
플로팅 자카드의 앞면과 뒷면

플로팅 자카드 기법은 북유럽 전통 니트 문양 중 페어아일(fair isle) 니트 패턴에 주로 사용된 조직이다. 페어아일은 영국 스코틀랜드 북동쪽, 북해의 오크니 제도와 셰틀랜드 제도 사이에 있는 섬으로, 페어아일 니트의 역사는 여러 가지 의견이 있어 확실하지 않지만, 전해지는 일반적인 견해는 7세기에 복잡한 패턴으로 번영한 아라비아의 니트가 바이킹족에 의하여 유럽으로 전파되어 16세기에 전통적 페어아일 패턴에 영향을 주었다고 전해진다(이순홍, 이선명, 2000).

그림 153
전통 페어아일 니트 풀오버

페어아일 니트는 컬러와 문양의 반복된 혼합으로 전통적으로는 두 색상 패턴으로 알려져 있고, 앞면에는 의도했던 문양이 편직되어 보이며, 뒷면에는 앞면에서 문양으로 사용되지 않은 실이 뜬 공간을 만들어 플로팅 효과로 나타난다. 좁은 패턴 안에서 여러 색상들이 조화를 이루며 반복적인 패턴을 보인다(Juleana Sissons, 2010)●그림 153. 문양의 종류로는 각종 기하학적인 문양부터 점, 눈의 결정, 다이아몬드, 네모, 십자가 등을 주로 사용한다●그림 154.

그림 154
전통 페어아일 니트 패턴

플로팅 자카드는 자카드 기법 중 중량이 가벼운 자카드 조직이며, 뒷면의 미스되는 원사가 탈착 시 걸릴 위험이 있어서 조심스럽게 다루어야 해서 아동복 디자인에는 유용하지 않다. 그러나 최근에는 오히려 늘어지는 뒷면을 겉면으로 활용하여 해체주의적 디자인에 대한 개념으로 접근하는 니트 디자인이 등장하기도 한다.

현대 패션 컬렉션에서도 페어아일 니트 디자인은 지속적으로 나타나고 있다. 드리스 반 노튼의 2017년 F/W 컬렉션에서는 전통 북유럽 니트 패턴을 활용한 남성 니트 패션을 발표하였다. 드리스 반 노튼은 루즈한 핏의 실루엣에 미들 게이지의 페어아일 니트 패턴을 적용하였다. 소매 부분은 여러 조각으로 나누어 붙여 새로움을 더하기도 하였으며, 몸판을 여러 조각으로 나누어 페어아일 패턴을 새롭게 재배치한 니트 풀어버를 제안하였다● 그림 155. 드리스 반 노튼은 이번 컬렉션에서 전통 노르딕 패턴의 루즈한 니트 풀오버도 선보였다● 그림 156.

보테가 베네타의 2015년 F/W 남성복 컬렉션에는 로우 게이지의 페어아일 패턴의 뒷면을 사용한 카디건을 발표하였다● 그림 157. 토드 슈나이더는 2016년 F/W 컬렉션에서 그레이 톤의 차분한 색상과 배색으로 현대적 패션과 어울리는 니트웨어 디자인을 보여주고 있다● 그림 158. 사카이 컬렉션에서는 지속적으로 전통 니트 패턴을 현대화하거나 우븐과 혼합한 니트 디자인을 제안하고 있다. 2015년 F/W 사카이 컬렉션에서는 페어아일 패턴을 현대적으로 변형시켜 볼드한 실루엣의 여성 투피스 니트 디자인을 제안하였으며● 그림 159, 2019년 S/S 컬렉션에서는 페어아일 패턴을 재해석한 니트 패턴을 해체적 실루엣으로 디자인하여 발표하였다● 그림 160.

그림 155
전통 페어아일 패턴 활용 니트웨어, Dris Van Noten 2017 F/W

그림 156
노르딕 패턴 풀오버, Dris Van Noten 2017 F/W

그림 157
플로팅 자카드의 뒷면 리버스 조직 활용, Bottega Veneta 2015 F/W

그림 158
페어아일 패턴 풀오버. Toddy Snyder 2016 F/W

그림 159
페어아일 문양의 현대화 활용, Sacai 2015 F/W

그림 160
페어아일 패턴의 현대화 활용, Sacai 2019 S/S

③ 래더백 자카드

래더백 자카드(ladder's back jacquard)는 튜뷸러 자카드와 플로팅 자카드의 2가지 방법을 기술적으로 믹스한 자카드 조직이라 할 수 있다. 플로팅 자카드의 뒷면에 나타나는 원사의 늘어짐을 잡아주는 단점을 조정한 조직으로, 튜뷸러 자카드보다 중량이 가볍다. 래더백 자카드는 4도까지도 가능하지만 색상 수가 많아지면 튜뷸러와 같은 느낌이 나기 때문에 2도까지만 일반적으로 사용한다● 그림 161.

튜뷸러 자카드의 단점인 두꺼움을 해소하기 위하여 등장한 조직으로, 완성 후 편직의 무게를 줄일 수 있고 무늬의 늘어남도 어느 정도 줄일 수 있지만 뒤 베드의 바늘들이 강제로 선침된 바늘들에 의하여서만 편직이 이루어지기 때문에 색상의 수가 많아지거나 뒤 베드의 바늘들의 플로팅 거리가 3×1 이상이 되면 편직하는 데 어려움이 수반하게 되어 디자인 시 주의하여야 한다. 또한 래더백 자카드는 선침 방법에 따라 패턴의 디자인 구성 방법을 달리해야 하는데, 사용하는 편사의 색상 수가 많아짐에 따라 뒤 베드의 바늘들의 편직 방법도 올니들 배킹(backing) 혹은 1×1 배킹 등 선침 방법의 선정에도 신중을 기하여야 한다.

④ 튜뷸러 자카드

튜뷸러 자카드(tubular jacquard)는 자기 색상 영역에서는 앞 바늘로 편직하고 다른 색상 영역에서는 뒷바늘로 편직하는 조직이다. 튜브(tube)와 같이 겉면과 이면 사이에 공간이 생기는 것에서 유래된 이름이다. 자카드 편직 중 두꺼운 조직을 연출하고 색상 수가 2도인 경우는 표면의 무늬 늘어남 현상이 전혀 없지만 색상 수가 많아지게 되면 표면의 무늬 늘어남 현상이 뒤 베드의 바늘의 편직 방법 선택에 따라 나타나게 되어 두 가지 색상으로 주로 활용한다. 2도의 경우 표면과 이면의 무늬와 바닥 조직의 색상이 반대로 되기 때문에 의류 제품 디자인 시 표면과 이면의 조화를 이용하며 리버서블 형태의 디자인에 응용하면 좋은 효과를 얻을 수 있다● 그림 162.

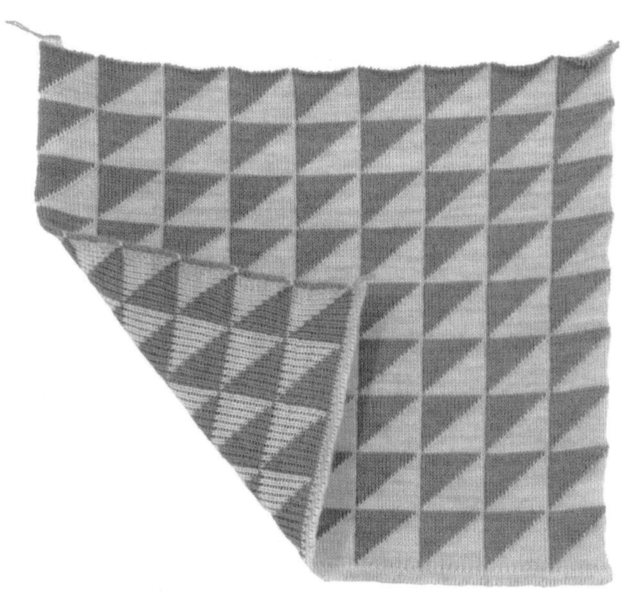

그림 161
래더백 자카드의 앞면과 뒷면

그림 162
튜뷸러 자카드의 앞면과 뒷면

⑤ 블리스터 자카드

블리스터 자카드(blister jacquard)의 '블리스터(blister)'는 '물 혹은 불에 의한 물질' 이라는 의미로 부풀어오른 무늬(융기 무늬)를 총칭하여 사용하는 언어로 '릴리프(relief)'라고도 불린다. 직물에서는 예전부터 사용되었지만 니트에서는 비교적 새롭게 20년대에 들어서 사용하게 되었다. 싱글 블리스터의 부풀음은 적고, 더블 블리스터는 융기가 커서 블리스터의 특징을 잘 나타낼 수 있다.

버드아이 자카드와 튜뷸러 자카드의 중간 조직으로 자기 색상 영역에서는 버드아이 자카드로 편직하고, 블리스터 영역에서는 뒤는 버드아이 자카드로, 앞은 튜뷸러 자카드로 편직한다. 니트의 조직 중 앞 베드의 바늘에 의한 조직의 콧수가 뒤 베드의 바늘에 의한 콧수보다 많아 융기의 돌출 효과를 나타낸다●그림 163.

블리스터 자카드는 현대 니트 패션에 잘 나타나지 않는 조직이지만 엠포리오 아르마니의 2014년 F/W 컬렉션에 플레인 조직과 조화로운 디자인을 제안하였다●그림 164.

그림 163
블리스터 자카드의 앞면과 뒷면

그림 164
블러스터 자카드 조직 활용 풀오버, Emporio Armani 2014 F/W

⑥ 노멀 자카드

기계를 만드는 기술이 발달하면서 다양한 자카드 조직이 발달하기 이전에는 컬러 자카드 조직은 대부분 노멀 자카드(nomal jacquard)로 편직되었다. 과거 1970~1980년대에 해외로 수출했던 국내 생산 니트 중에서 노멀 자카드는 큰 역할을 했다. 노멀 자카드는 올니들 배킹에 의하여 편성되는 조직이어서 실의 사용량이 상당히 요구되기 때문에 원사 가격이 높은 고급스러운 편직에는 부적절한 조직이다● 그림 165.

또한 노멀 자카드는 앞 베드의 바늘에 의하여 편성되는 콧수보다 뒤 베드의 바늘에 의하여 편성되는 콧수가 늘어나기 때문에 디자이너가 의도하는 무늬가 길이 방향으로 늘어난 무늬로 나타나게 되어 문양을 넣어 작업 시 주의가 요구된다. 3~4도 배색의 노멀 자카드는 무늬가 길이 방향으로 더욱 늘어나게 된다. 뒷 바늘에는 모든 편사가 편직이 형성되기 때문에 완성된 편직은 두꺼워진다. 또한 편성된 원단이 다른 자카드 조직에 비해 가로 방향으로 시축이 좋지만 3도 이상이 되면 표면 무늬가 지나치게 늘어남에 따라 뒷면이 거칠어지는 단점이 있다.

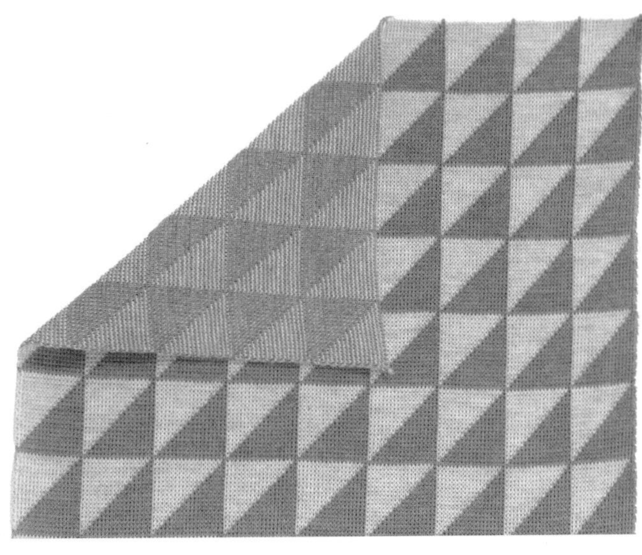

그림 165
노멀 자카드의 앞면과 뒷면

⑦ 트랜스퍼 자카드

트랜스퍼 자카드(transfer jacquard)는 뒷면의 원사 색상이 앞면에서 보이는 조직으로 바탕 조직은 노멀 자카드, 버드아이 자카드, 튜뷸러 자카드(1×1 배킹, 올니들 배킹), 블리스터 자카드 등이 가능하지만 블리스터 자카드인 경우는 편직 시간이 상당히 많이 소요되는 단점이 있다. 바탕 조직을 형성하는 편사 중 뒤 베드의 바늘들에 편성되는 편사의 색상 선정에 신중을 기하여 좋은 패턴의 조직를 편직할 수 있다●그림 166.

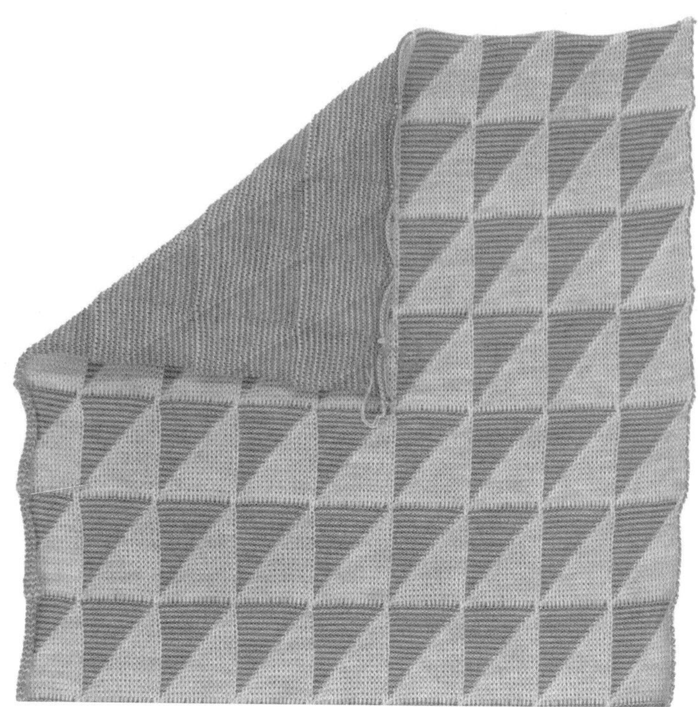

그림 166
트랜스퍼 자카드의 앞면과 뒷면

이와 같은 7가지 컬러 자카드 조직을 정리하면 ●표 9와 같다. 최근 니트웨어에 활용되는 컬러 자카드 조직은 주로 버드아이 자카드나 래더백 자카드로 나타난다. 버드아이 자카드는 두께와 중량감이 있어서 주로 가을 · 겨울용 니트에 활용되고 있다. 컬러 자카드 조직은 양면 조직으로 두께감이 있어 S/S 시즌의 니트 조직으로 활용하기엔 부담스러우나 여름용 원사의 개발과 섬세하게 조직할 수 있는 기술력 및 기계 시설이 갖추어지면서 봄 · 여름 시즌에도 플로팅 자카드나 래더백 자카드, 트랜스퍼 자카드 등의 컬러 자카드 조직이 나타나고 있다.

컬러 자카드 조직 7가지 편직의 중량을 10게이지와 7게이지 각각 침수와 회전수를 같은 조건에서 편직한 편직물의 사이즈와 비교하면 ●표 10과 같다. 노멀자카드가 자카드 조직의 동일한 침수와 회전수에서는 가장 중량이 많이 측정되나 편직포의 사이즈가 크게 편직된다. 이는 리버스 면의 회전수가 컬러별로 나타나기 때문이며, 3도 이상의 컬러 자카드에서는 편직포가 더 길어질 수 있어 문양의 효과가 길게 나타나 디자인 의도를 표현하기 어려운 상황이 된다. 일반적으로 가장 많이 활용되는 자카드는 버드아이 자카드로, 여러 컬러를 사용한 디자인에서도 패턴이 크게 변하지 않고 편직된다.

버드아이 자카드는 현재 컬러 배색에 주로 활용되는 조직으로 게이지의 변화에 따른 중량을 체크해보고자 하였으며, 자카드 조직은 컷 앤 소우의 방법으로 재단과 봉제를 진행해야 하므로 원사 선택에 있어 고가의 원사 사용은 고려해야 한다. 10게이지는 소모사 울 100%의 52수(2/52s') 원사 2합사로 편직하였으며, 7게이지는 4합사로 편직하였다●그림 167. 같은 사이즈의 풀오버를 10게이지와 7게이지로 편직, 제작하였을때의 중량은 7게이지는 670g, 10게이지는 530g으로 완성되었다●그림 168.

표 9 컬러 자카드 조직의 플레인과 리버스 조직 및 특성

조직명	조직 플레인/리버스	특성
버드아이 자카드 (bird'eye jacquard)		노멀 자카드의 단점과 원사 소요량 및 표면의 무늬가 늘어나는 현상을 보완하였다. 일반적으로 3~4도 이상의 색상으로 작업할 시 선호되는 방법이다.
플로팅 자카드 (floating jacquard)		원사 소요량이 절약되고 완성된 편직의 무게도 가벼우나, 완성된 편직의 뒷면이 이면의 실이 플로팅되어 있어 착용 시에 불편함과 올이 뜯기는 위험을 초래한다.
튜뷸러 자카드 (tubular jacquard)		자카드 편직 중 가장 두꺼운 조직을 연출한다. 2도인 경우 표면과 이면의 무늬와 색상이 반대로 되기 때문에 리버서블 디자인에 응용 가능하다.
래더백 자카드 (ladder's back jacquard)		튜뷸러 자카드와 플로팅 자카드의 중간 자카드로, 4도까지 가능하지만 색상 도수가 많아지면 튜뷸러와 같은 느낌이 나기 때문에 2도까지만 일반적으로 사용한다.
블리스터 자카드 (blister jacquard)		싱글 블리스터의 부풀음은 적고, 더블 블리스터는 융기가 크다. 버드아이 자카드와 튜뷸러 자카드의 중간 조직이다.
노멀 자카드 (nomal jacquard)		올니들 배킹에 의한 편성 중량이 많아 원사 소요량이 많다. 3도 이상이 되면 표면 무늬가 늘어나 편직의 형태가 길어지면서 뒷면이 거칠어지는 단점이 있다.
트랜스퍼 자카드 (transfer jacquard)		이면의 실이 앞에서 보이게 하여 연출하는 조직이다. 바닥 조직을 형성하는 편사 중 뒤 베드의 바늘들에 편성되는 편사의 색상 선정에 따라 패턴 상태가 변화한다.

그림 167
10게이지 2합사, 7게이지 4합사 버드아이 자카드 편직

표 10 컬러 자카드 조직의 게이지별 중량 비교

조직명	7GG (96침×60회전(120단))	10GG (180침×90회전(180단))
버드아이 자카드 (bird'eye jacquard)	23cm×25cm, 45.5g	24cm×21.5cm, 32.3g
플로팅 자카드 (floating jacquard)	23cm×24cm, 29g	22.5cm×23cm, 22g
튜뷸러 자카드 (tubular jacquard)	22cm×23cm, 42g	23cm×20cm, 30.4g
래더백 자카드 (ladder's back jacquard)	20cm×21cm, 32.8g	21cm×18.5cm, 23.6g
노멀 자카드 (nomal jacquard)	24cm×33.5cm, 59g	26.5cm×29cm, 43.2g
블리스터 자카드 (blister jacquard)	21cm×30cm, 57.2g	22cm×24cm, 40g
트랜스퍼 자카드 (transfer jacquard)	22cm×33.5cm, 44.2g	27cm×34.5cm, 39.6g

그림 168
2색을 활용한 버드아이 자카드, 10게이지(좌, 530g), 7게이지(우, 670g)

(4) 인타시아 조직

인타시아(intarsia)는 이탈리아어 'intarsiare'에서 유래한 용어로 인레이(inlay: 상감하다, 도장 찍다)를 뜻한다. 인타시아는 실제적으로 도장 찍은 것과 같은 효과를 나타내는 배색 무늬에 가장 효과적인 조직으로, 디자인이 뚜렷하고 편물의 두께가 얇아서 최근 섬유의 경량화 트렌드에 선호되는 니트 조직이다. 선염사나 두 가지 이상의 다른 실을 삽입하여 편직하는 방식으로, 연결 부분에서 각각의 스티치들이 연결되어 이면 조직에 가로지르는 실이 없는 편직 기법으로 장식 컬러 패턴이 만들어진다. 이는 패턴 카드 없이 편직할 수 있고 한 줄에 많은 색상을 첨가해 큰 형태를 만들 때 사용되며 '무늬가 선명하고 뚜렷하며 도장을 찍은 것과 같은 효과'를 보인다(홍명화, 최경미, 2009).

플레인 조직에 여러 색상의 문양 패턴이 들어가는 조직으로, 여러 가지 컬러의 원사 사용 시 복잡하게 실을 걸어야 하는 불편함이 있으나, 경량화 트렌드에 맞추어 가장 많이 사용되고 선호되는 조직이다. 디자인에 필요한 실만 편성하여 조직의 안과 겉의 색이 같다. 패턴이 뚜렷하게 나타나서 각각의 색이 독립적인 고유의 모양 그대로 편직되어, 조직 간의 경계가 생기지 않아 배색에 있어서 가장 적합한 조직으로 니트웨어에서 가장 많이 사용된다.

인타시아 조직은 플레인 조직에서 주로 이용하며 인타시아 패턴의 대표적인 패턴으로 다이아몬드 무늬의 아가일(argyle)을 들 수 있으며, 타탄(tartan) 패턴에서 파생되어 선명한 색의 커다란 마름모 모양에 대조적인 배색의 줄무늬를 비스듬히 넣어 반복한 문양이다●그림 169, ●그림 171. 이 외에 다양한 패턴의 기하무늬, 캐릭터와 같은 모티프의 니트로 편직할 수 있다●그림 170.

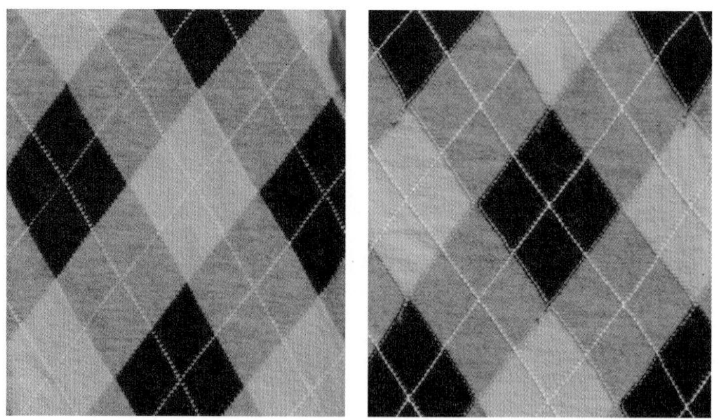

그림 169
전통 아가일 패턴의 인타시아 조직, 평편의 플레인 겉면(좌)과 리버스 안면(우)

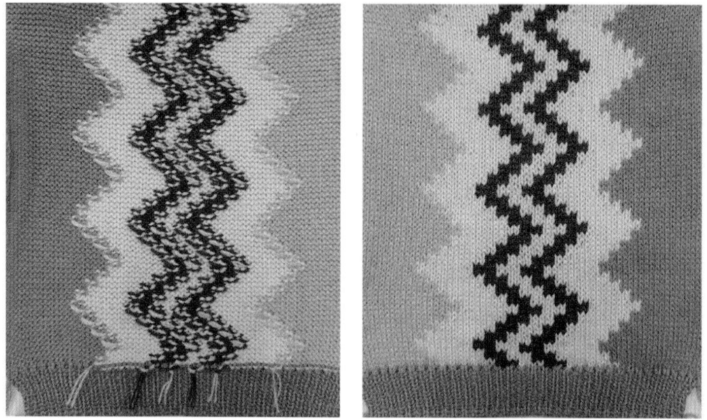

그림 170
지그재그 패턴의 인타시아 조직

그림 171
전통 아가일 패턴의 인타시아 조직을 활용한 카디건

최근 남성 패션 컬렉션에 나타난 니트웨어에서도 컬러 배색의 인타시아 기법이 과거에 비해 많이 활용되고 있다. 이는 인타시아 편직 기계의 활용이 대중화되어 편직 비용이 절감되었기 때문인 것으로 사료된다. 또한 인타시아 리버스 면에 나타나는 편직 스티치와 마무리가 안 된 듯한 실밥들의 처리를 그대로 남겨둔 상태로 겉면으로 활용하여 빈티지한 트렌드를 적용한 디자인도 선보이고 있다.

보테가 베네타는 2014년 F/W 컬렉션에서 미들 게이지에 전통적인 아가일 문양을 기울여 처리하여 편직포의 뒷면을 겉으로 하여 전통 문양을 새로운 디자인으로 발표하여 눈길을 끌었다●그림 172. N.21의 2015년 F/W 컬렉션에서는 헤어리 원사 소재로 인타시아 니트 풀오버를 발표하여 새로운 분위기의 아가일 패턴을 제안하였다●그림 173. 조르지오 아르마니와 페라가모 컬렉션에서도 미들 게이지에 기하 문양을 활용한 인타시아 조직의 풀오버 니트를 선보였다●그림 174, ●그림 175.

인타시아 조직은 플레인 조직이므로 두껍지 않게 편직할 수 있다. 이에 봄·여름 컬렉션에도 인타시아 조직은 잘 활용되고 있다. 우영미는 2015년 S/S 컬렉션에서 하이 게이지로 보이는 기하학적 패턴에 플레인 조직, 리브 조직을 같이 활용하여 인타시아 조직의 새로운 표현을 보여주었다●그림 176. 드리스 반 노튼은 2016년 S/S 컬렉션에서 미들 게이지의 조직에 커다란 가재를 풀오버에 인타시아 문양으로 편직하여 이미지를 표현하였다●그림 177. N.21 2016년 S/S 컬렉션에도 미들 게이지의 리버스 면을 활용한 인타시아 조직으로 브랜드의 로고를 표현한 디자인을 제안하였다●그림 178.

그림 172
아가일 패턴의 인타시아 조직 리버스, Bottega Veneta 2014 F/W

그림 173
아가일 문양 인타시아 조직,
No.21 2015 F/W

그림 174
기하 문양 인타시아 조직,
Giorgio Armani 2013 F/W

그림 175
기하 문양 인타시아 조직,
Ferragamo 2016 F/W

그림 176
기하 문양 인타시아 조직,
WooYongMee 2015 S/S

그림 177
인타시아 조직,
Dries Van Noten 2016 S/S

그림 178
인타시아 리버스 조직, N.21 2016 S/S

그림 179
인타시아 조직의 활용, Prada 2017 F/W

프라다의 2017년 F/W 컬렉션에서는 컬러풀한 기하 패턴을 로우 게이지의 인타시아 조직으로 디자인한 남녀 니트 패션을 발표하여 눈길을 끌었다●그림 179. 여성 니트에도 인타시아 조직은 잘 활용되고 있다. 겐죠는 여성스러운 핑크색의 앙고라 헤어리 원사를 꽃무늬 패턴에 활용하여 인타시아 조직을 발표하였다. 풀오버와 짧은 팬츠, 모자와 긴 머플러 액세서리는 화려하게 표현되어 주목을 받았다●그림 180. 가브리엘라 허스트는 2022년 F/W 컬렉션에서 자연과 바다의 모습을 담아 핸드 니트 터치의 로우 게이지와 미들 게이지를 인타시아 조직에 적용하여 표현하였다●그림 181.

그림 180
꽃문양 인타시아 조직을 활용한
풀오버 · 팬츠 · 머플러, Kenzo 2006 S/S

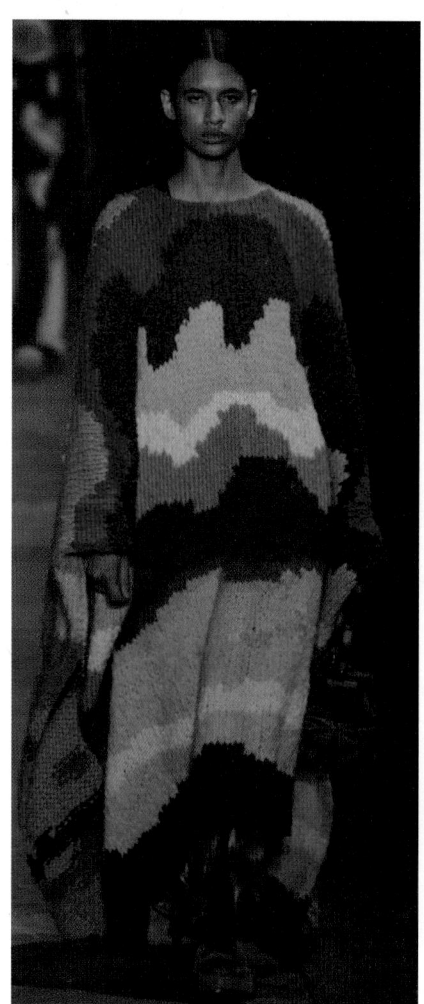

그림 181
자연을 인타시아로 표현한 니트 디자인, Gabriela Hearst Spring 2022 F/W

KNIT FASHION DESIGN

PART 3

니트 패션 디자인 프로세스

1. 니트 패션 디자인 기획
2. 니트 패션 디자인의 소재 구성요소 활용 및 제작
3. 니트 패션 디자인의 제품 검토
4. 니트 CAD 시스템을 활용한 니트 디자인 시뮬레이션

PART 3

니트 패션 디자인 프로세스

1. 니트 패션 디자인 기획

니트 소재는 독창적인 디자인 개발에 유용하며 그 특성을 활용하여 창의적인 시각적 변화를 줄 수 있고, 자카드나 인타시아와 같이 컬러에 의해 패턴의 변화도 가능하다. 우븐 디자인의 경우는 원단이 준비된 상황에서 디자인과 샘플링이 시작되지만 니트 패션 디자인은 니트 소재부터 개발을 시작한다. 이러한 니트 패션 디자인의 전개를 위해서는 원사, 게이지, 다양한 조직 등 니트 패션 소재의 구성 요소에 대한 이해가 바탕이 되어야 한다.

니트웨어는 일반적으로 다른 아이템과의 코디네이션이나 활동성 및 독창적 아이템의 디자인 전개가 용이하여 특정 브랜드, 기업의 상품을 위해 개발하거나, 상품이나 컬렉션을 위해 디자인을 전개하게 되는 경우가 많다. 이에 니트 패션 디자인 프로세스는 소재와 아이템의 특성상 일반 우븐 의류 디자인 프로세스와 구별되어야 하지만, 기본적으로 의류 디자인을 제품화한다는 동일한 목적으로 의류 디자인 프로세스와 같이 진행한다. 니트는 우븐과의 코디네이션 개념으로 기획이 진행되는 경우가 일반적이어서 우븐과 아이템이나 디자인에 맞춰 기획이 진행된다. 따라서 트렌드에 대한 전반적인 이해와 세부 아이템의 소재와 디자인 분석이

반드시 필요하다.

니트 패션 디자인 프로세스에서 니트 소재의 구성요소는 가격을 결정하는 데 중요한 역할을 한다. 시즌 적합성, 가격, 디자인의 특성, 실용성, 조직의 적합성, 중량 및 게이지 등 다양한 상황을 고려해서 원사를 선택해야 한다. 특히 제품이 위치하는 브랜드나 판매가격에 대한 상황에 따라 편직의 방향도 결정하게 된다.

니트 원단 개발에 있어 시즌, 원사의 타입과 비율, 컬러와 텍스처, 조직, 그리고 핸드 니트나 기계 니트 중 어떤 것을 사용할 것인지와 같은 것을 고려하게 된다. 또한 트렌드 정보 서비스는 새로운 원사와 편직 원단, 시즌 컬러 팔레트와 조직 패턴과 구조에 있어서, 새롭고 혁신적인 개발과 최근 트렌드를 제공한다. 디자이너는 니트 패션 상품이나 컬렉션을 위한 디자인 시 시즌 기획, 타깃 마켓, 상품군의 연령층(아동복, 여성복/남성복), 판매가격(기성복, 중고가, 저가), TPO에 맞는 상품(데이웨어, 이브닝웨어, 캐주얼웨어, 스포츠웨어 등), 아이템, 실루엣, 원사 종류, 컬러, 조직(플레인, 리브, 턱, 케이블, 자카드, 인타시아, 전통 문양의 패턴) 등의 사항을 고려하고, 각 시즌의 기획이나 컬렉션을 전개하기 위한 디자인 프로세스를 거친다● 그림 182.

이러한 프로세스는 트렌드를 고려하면서, 브랜드 아이덴티티나 그들만의 컬렉션 방향까지 관련되어 기획되어야 한다. 일반적으로 니트 전문 브랜드가 아닌 브랜드의 니트웨어에 대한 기획은 다른 아이템들과 코디네이션이 잘 될 수 있는 방향으로 디자인의 기획이 전개되고 있다. 새로운 컬렉션을 전개하면서 디자이너는 미래의 트렌드에 대한 인지가 중요하며, 원단과 원사의 전시를 참관하고, 산업에서의 새로운 개발, 원사와 소재의 소싱, 무드보드 제작, 컬렉션을 위한 샘플링에 대한 트레이드 페어를 방문하는 것도 중요하다.

전반적인 디자인 기획이 정리되면, 구체적인 제품 생산을 위한 프로세스를 진행한다. 니트 패션 디자인에서 중요한 요소로, 원사, 조직, 제작 방향을 결정하고 샘플 작업지시서(부록)를 작성하여 샘플 작업을 진행한다. 샘플 제작의 원사가 결정되면 상품군에 맞는 적절한 조직과 게이지를 결정하고 샘플 시직을 편직하여 검토한다. 원사는 결정된 컬러의 비이커 테스트 의뢰를 거쳐●그림 183 샘플용 염색을 진행한다. BT 결과를 확인하여●그림 184 1차적으로 샘플 원사를 발주하여 작업하게 된다. 소모사나 면사 등, 방모사를 제외하고 BT 의뢰가 가능하며, 방모사는 업체에서 미리 작업해놓은 BT 컬러에서 찾아서 작업하는 방향이 일반적이다●그림 185.

원사가 결정된 후 입고되면 상품군에 적절한 게이지와 조직을 결정한다. 이를 위하여 여러 가지 샘플용 시직을 진행하며 중량과 편직 비용 등을 고려하여 니트 제품의 디자인을 결정한다. 원사의 가격대가 높으면 상품의 판매가격대에 적절한 게이지와 편조직을 결정하여 샘플 제작을 진행한다.

샘플용 스와치 시직 후 조직과 게이지가 결정되면, 조직에 따른 상황을 검토하고 샘플용 편직을 완성하여 제작한다. 이러한 모든 진행사항 중 중요하게 고려되어야 하는 것은 제품의 판매가격이므로 원사, 편직, 봉제 등 상품군과 판매가격을 고려하여 작업을 진행한다. 이와 같은 샘플 제작이 완료되면 상품에 대한 검토 과정을 거쳐 메인 생산 작업지시서를 작성하게 된다.

제품이 메인 생산으로 투입되기 위한 생산용 작업지시서는 면밀하게 잘 검토하여 생산 · 제작 업체로 넘겨져야 한다. 제품의 중량과 중량에 맞는 원사 발주, 라벨, 메인 태그, 품질 태그, 가격 태그 등과 생산에 문제가 없도록 부자재 등의 준비와 검토가 필요하다.

디자인 기획과 분석	니트 패션 디자인 프로세스
테마 선정 및 분석	**테마 선정 및 분석**
• 리서치(주조와 부차적 무드) • 무드 보드 • 대략적인 아이디어 스케치 • 컬러 보드 • 원단 디벨럽 보드 • 소비자 특성(나이, 성별, 시장)	• 리서치(주조 무드와 부차적 무드) • 무드 보드 • 대략적인 아이디어 스케치 • 컬러 보드 • 원단 디벨럽 보드 • 소비자 특성(나이, 성별, 시장)
테마 연구	**기획에 맞는 니트 패션 소재 개발**
• 스케치 · 관련 이미지 분류 • 이미지 선택	• 원사, 게이지, 조직을 적용한 다양한 스와치 개발
상품 개발	**샘플 작업지시서 작성**
• 스케치, 실루엣, 볼륨 디테일 • 2D에서 3D 모델링 • 디자인 디테일 결정 • 부자재 • 생산 방법	• 원사, 가격, 시즌 • 조직의 적합성, 시즌 적합성 • 중량 및 게이지, 구조 • 니트 테크닉 결정, 부자재 • 핸드 니팅/기계, 니팅/결합 조직
샘플 제작	**샘플 제작**
• 패턴 제작	• 플랫 패턴 제작 • 가봉: 저지 원단 활용 • 원단 구조, 조직 패턴 연구 • 제작용 니트 스와치 제작 원단의 무게 및 게이지 결정 • 코줄임/코늘임, 재단 및 제작
샘플 검토 및 수정	**샘플 검토 및 수정**
메인 생산 작업지시서 작성	**메인 생산 작업지시서 작성**
생산용 제품 검토	**생산용 제품 검토**
상품 생산	**상품 생산**

그림 182
니트 패션 디자인 제품 제작 프로세스

B / T 의뢰서

결재	디자이너	실장/팀장

발주처 :
브랜드 :　　　　　　　　　　　　　　　　　　　　　　　　　　　　　년　　월　　일

	COLOR	YARM	발주사항
1	 PANTONE® Red 032 U		
2	 PANTONE® 663 U		
3	 PANTONE® 2706 U		
4	 PANTONE® 2121 U		
5	 PANTONE® 309 U		
6	 PANTONE® 877 U		

그림 183
비이커 테스트 의뢰서

그림 184
비이커 테스트 결과

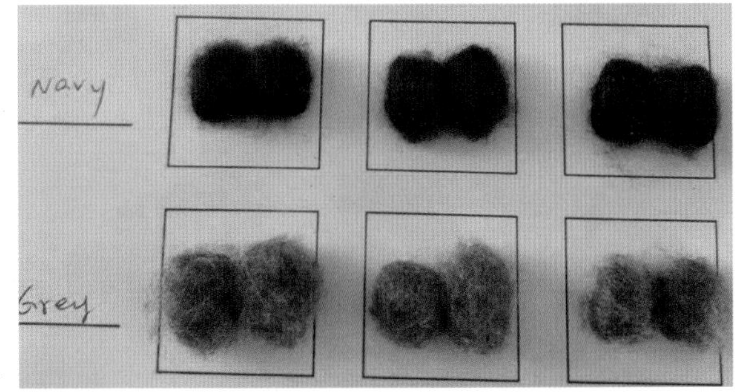

그림 185
원모 상태의 비이커 테스트 샘플

2. 니트 패션 디자인의 소재 구성요소 활용 및 제작

니트웨어는 제작 진행 시 니트 특유의 편직과 봉제 방법이 필요하다. 직물류나 환편기의 편직물은 원단을 재단하여 봉제하지만 편직류, 특히 횡편기의 스웨터류는 편직 시 일반적으로 사이즈에 맞게 조절하여 앞판, 뒤판, 소매, 칼라나 네크라인, 카디건류는 앞단, 주머니 등의 부속들을 각각의 아이템 및 디자인에 맞추어 별도로 편직하여 연결한다. 니트웨어와 우븐 봉제의 가장 큰 차이점은 연결에는 직물류 봉제에 사용하는 재봉틀로 완성을 하는 것이 아니고, 게이지별 사이즈에 맞는 링킹 기계●그림 186를 사용하며, 편직 기계와 같이 게이지별로 침수가 달라서 편직 원단의 게이지에 맞춰서 링킹 기계를 사용하여 니트 제품을 완성한다.

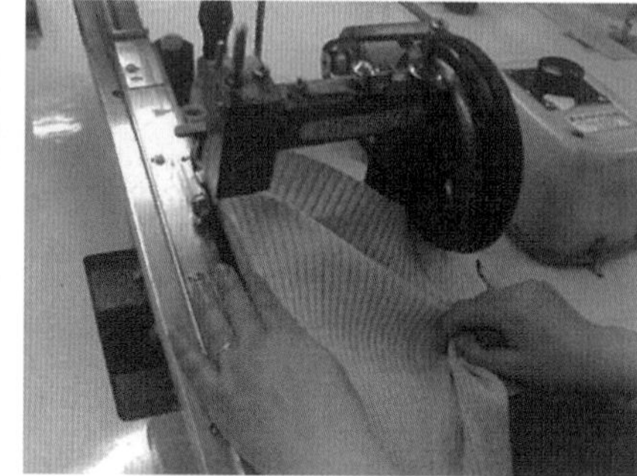

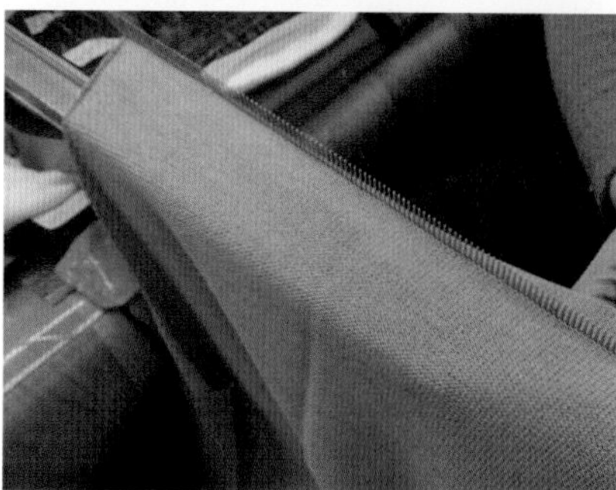

그림 186
링킹 기계 활용 니트웨어 봉제

최근 컴퓨터 기계의 발전으로 성형 편직의 셰이핑(shaping) 또는 풀 패션(full fashion) 편직과 그에 따른 니트 가공이 가장 많이 적용되고 있다. 또한 편직 시 의복의 형태가 완성되는 무봉제(seamless, whole garment) 편직도 많이 활용되고 있다. 그러나 무봉제 편직기의 활용은 다양한 니트의 디자인 요소에 대한 전반적인 이해는 물론, 편직기의 활용에 따른 테크닉, 패션 디자인에 대한 감성이 모두 부합되어 이루어져야 하는 과정이 필요하다.

니트웨어(스웨터)의 제작을 위한 치수 측정 기준은 다음과 같다 ● 그림 187.

- 앞길이(총장): 옆목 점에서 밑단의 끝까지 앞 중심선에 평행하도록 측정한다.
- 가슴둘레: 진동에서 1인치 아래쪽으로 떨어진 지점에서 가슴의 양 옆선까지 직선으로 측정한다.
- 어깨너비: 양쪽 어깨 끝점 사이의 직선 길이를 측정한다.
- 진동 깊이: 어깨 점에서 겨드랑이 점까지 직각으로 측정한다.
- 소매길이: 어깨 점에서 소매 밑단까지의 직선거리를 측정한다.
- 소매통: 진동에서 1인치 떨어진 지점에서부터 접은 에지에 90° 직각이 되는 지점까지 측정한다(팔의 가장 두꺼운 부분의 치수를 측정하는 것이다).
- 소맷부리: 소맷부리의 한쪽 끝에서 반대쪽 끝까지 측정한다.
- 화장: 목 봉제선의 중심으로부터 직선으로 어깨점까지 측정해서 중심선을 정하고 소매 밑단까지의 직선거리를 측정한다.
- 밑단둘레: 밑단의 양쪽 끝에서 끝까지 직선거리를 측정한다.
- 앞목너비: 왼쪽 옆목점에서 오른쪽 옆목점까지 직선으로 측정한다.
- 앞목깊이: 왼쪽 옆목점에서 오른쪽 옆목점까지 가로 길이를 지나는 지점에 자를 직선으로 놓는다. 그 직선의 중심점에서 목 봉제선이나 목선까지의 수직 길이를 측정한다.

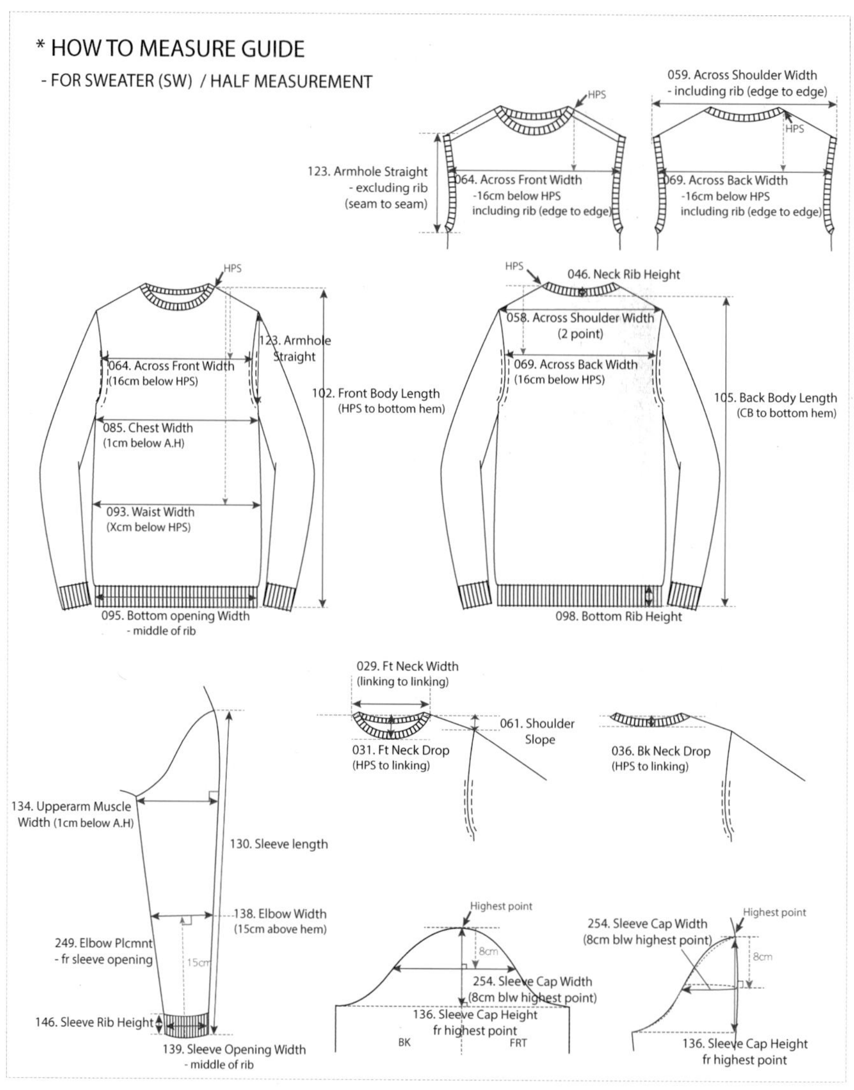

그림 187

니트웨어 사이즈 치수 기준

1) 셰이핑 니트 편직 및 제작

셰이핑(shaping) 니트는 일반적으로 성형 니트 상품, 풀패셔닝(full fashioning)이라고도 한다. 편기로는 횡편기 및 풀패션기가 이용된다. 핸드 니팅 작업도 이 범위에 포함된다. 원사에서 직접 작업할 니트웨어의 게이지를 계산하여 제작해 나가는 것이며, 몸판이나 소매 또는 넥 등을 편직할 때 패턴에 따라 코 줄임이나 코 늘림 등을 하여 루프의 수를 바꾸며, 패턴대로 편직하고 링킹 기계를 활용한 봉제로 제품을 제작한다.

셰이핑 편직은 고가의 원사나 좋은 품질의 원사로 편직 시 주로 활용해야 원가를 적정하게 할 수 있다. 셰이핑 편직과 제작은 버려지는 원사가 거의 없어 제로웨이스트 개념의 니트 편직과 가공법의 제작 과정이라 할 수 있다. 고가의 원사 제품은 풀패셔닝 편직 가공으로 원가를 줄일 수 있어 경제적으로는 물론 편성이나 링킹 봉제에 기술이나 노력이 요구되어 상품으로서의 가치가 높다. 편직하면서 하나의 원사로 편직물을 마무리하여 풀리지 않으며, 네크라인을 같이 떠서 마무리하는 가공법도 있으나 편직에 대한 시간과 노력을 감안하여 일반적으로 목둘레선이나 주머니 등의 부속은 재단하여 링킹으로 봉제하여 마무리한다.

대표적인 셰이핑 편직의 기본 플레인 조직을 12게이지와 7게이지의 풀오버로, 셋인 슬리브의 기본 니트웨어를 편직하여 완성하였다. 니트 풀오버 작업 과정은 다음과 같다.

- 니트웨어 디자인을 결정한다. – 플레인 조직 기본 풀오버, 7게이지
- 원사를 결정한다.
- 샘플 작업지시서를 작성한다● 그림 188.
- 편직처에 편직을 의뢰한다. 패턴 작업도 필요하다● 그림 189.
- 편직 업체에서 먼저 스와치를 편직하면 밀도와 사이즈, 코 줄이기 등의 세부 내용을 검토한다.

- 편직이 완료되면 스팀 작업을 통하여 편직 원단을 정리하고 사이즈를 검토한다●그림 190, ●그림 191.
- 봉제를 위한 링킹 작업에 필요한 봉제용 컬러 원사를 준비한다.
- 니팅의 끝 마무리를 링킹으로 정리하고, 어깨와 옆선을 링킹으로 봉제한다●그림 192.
- 목둘레의 튜브형 리브단을 바디와 연결하여 링킹으로 마무리한다●그림 193.
- 완성 스팀으로 니트웨어를 마무리한다●그림 194, ●그림 195.

완성 후 중량은 7게이지는 492.5g, 12게이지는 341.3g이 소요되었다. 이와 같이 3×3 리브 조직 풀오버도 작업지시서를 작성하고●그림 196 동일한 방법으로 편직, 제작하였다●그림 197~200. 변형 리브 조직의 하프카디건이나 풀카디건은 래글런 슬리브 디자인으로도 많이 활용되어 본 제작 샘플도 풀패셔닝 편직으로 진행하여 봉제 작업도 동일한 과정으로 제작하였다●그림 201~204.

SAMPLE 작업지시서

결재	담당	팀장		

의뢰일	20○○년 ○○월 ○○일	원사	wool 100, 2/52s'
완성일	20○○년 ○○월 ○○일	게이지	7GG/플레인
BRAND	HY	아이템	
STYLE NO	샘플 1	제품중량	415g

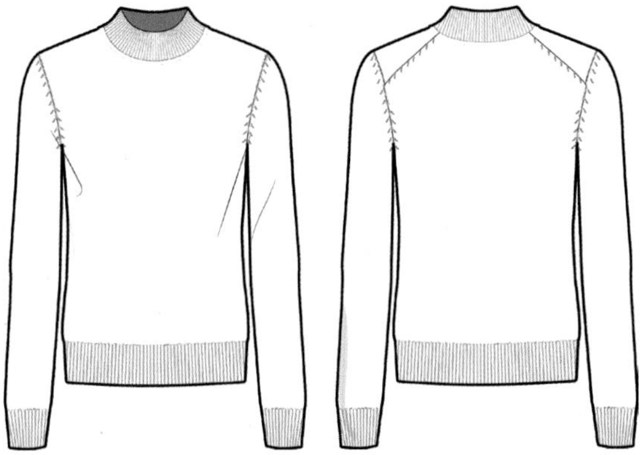

SIZE(M)호				비고
기장	65	옆목	18	옆목너비는 링킹선을 기준으로 한다.
가슴너비	58	앞목깊이	8	
어깨너비	42	앞목너비		
암홀길이	19			
소매길이	60			
소맷부리	12			
소매통	17			
밑단너비				

그림 188

[샘플 1] 플레인 조직 셰이핑 니트 작업지시서

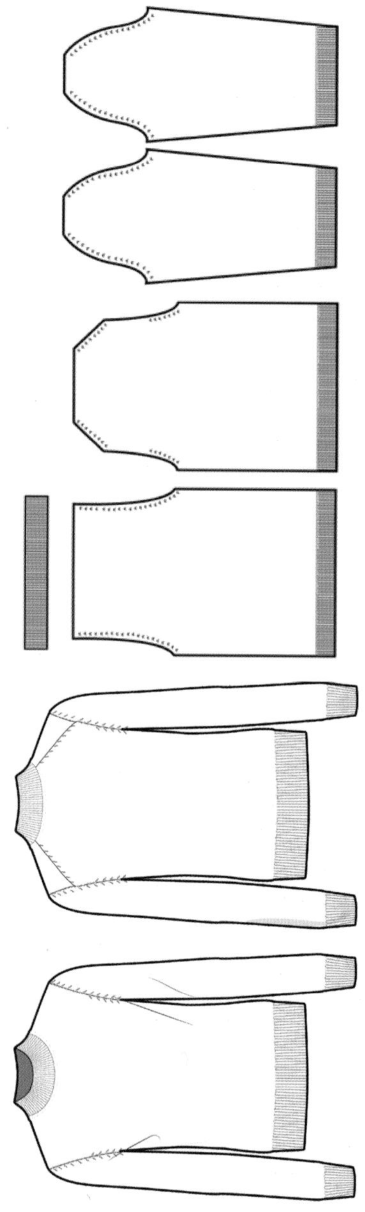

그림 189
플레인 조직 7게이지 셰이핑 니트 편직

그림 190
평편, 플레인 7게이지 조직의 셰이핑 편직

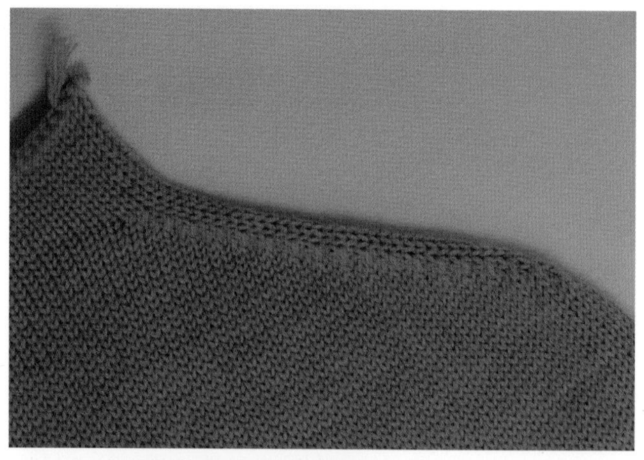

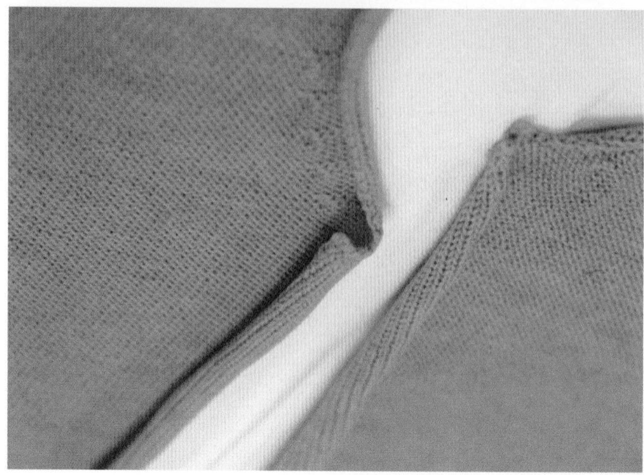

그림 191
평편, 플레인 조직의 셰이핑 코 줄이기 활용

그림 192

소매산 부위의 링킹 처리

그림 193
옆선 어깨 소매 링킹 봉제 → 목둘레 재단 → 목둘레 리브 부속 링킹 → 봉제 부착

그림 194
평편 니트 풀오버
셰이핑 봉제 가공 완성, 뒤판

그림 195
7게이지 평편 니트
풀오버 셰이핑 편직 가공 완성, 앞판

SAMPLE 작업지시서

결재	담당	팀장		

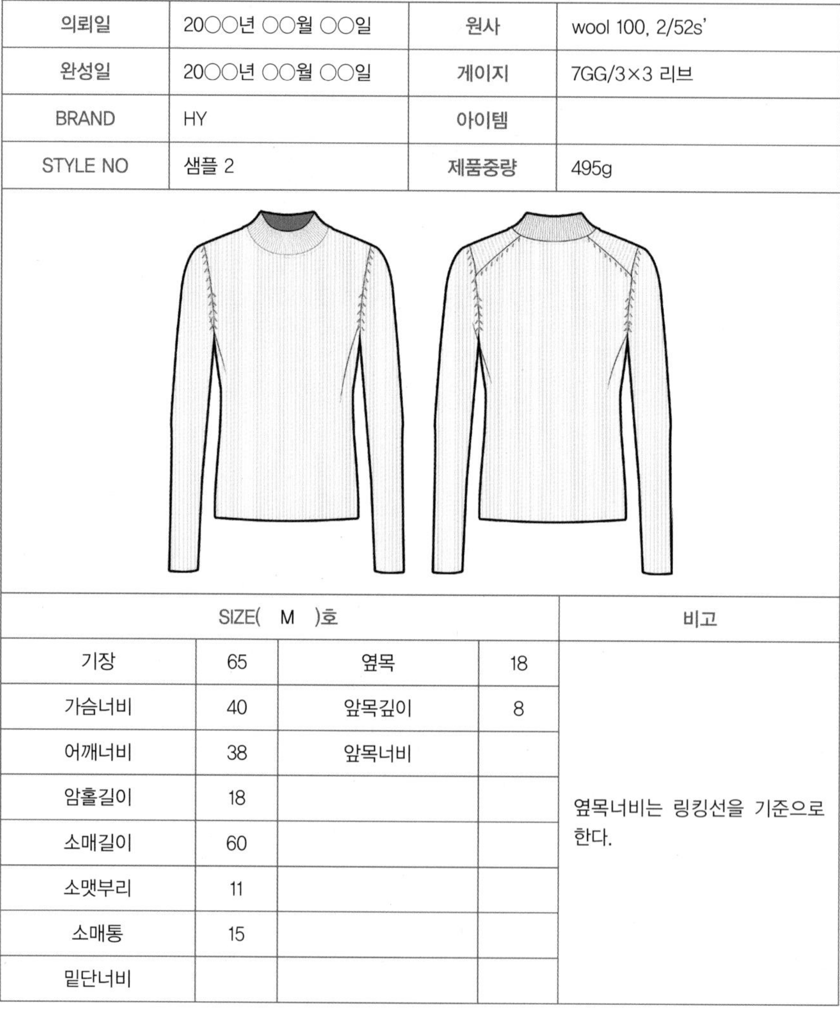

의뢰일	20○○년 ○○월 ○○일	원사	wool 100, 2/52s'
완성일	20○○년 ○○월 ○○일	게이지	7GG/3×3 리브
BRAND	HY	아이템	
STYLE NO	샘플 2	제품중량	495g

SIZE(M)호				비고
기장	65	옆목	18	옆목너비는 링킹선을 기준으로 한다.
가슴너비	40	앞목깊이	8	
어깨너비	38	앞목너비		
암홀길이	18			
소매길이	60			
소맷부리	11			
소매통	15			
밑단너비				

그림 196

[샘플 2] 3×3 리브 조직의 셰이핑 니트 작업지시서

그림 197
3×3 리브 조직의 셰이핑 편직

그림 198
목둘레 리브단 부속의 링킹 부착

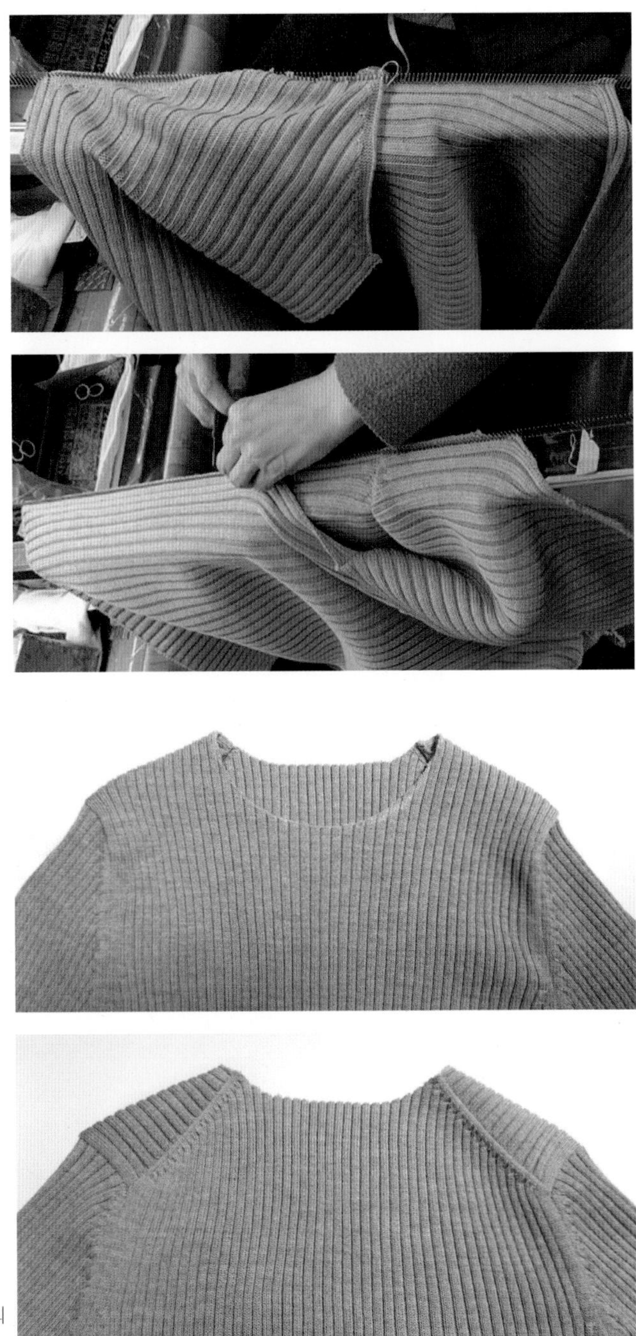

그림 199
7게이지 3×3 리브 조직의
풀오버 봉제 가공

그림 200
링킹 마무리 뒷면

SAMPLE 작업지시서

결재	담당	팀장		

의뢰일	20○○년 ○○월 ○○일	원사	램스울 W/N 80/20 1/17s'
완성일	20○○년 ○○월 ○○일	게이지	7GG/하프카디건
BRAND	HY	아이템	
STYLE NO	샘플 3	제품중량	410g

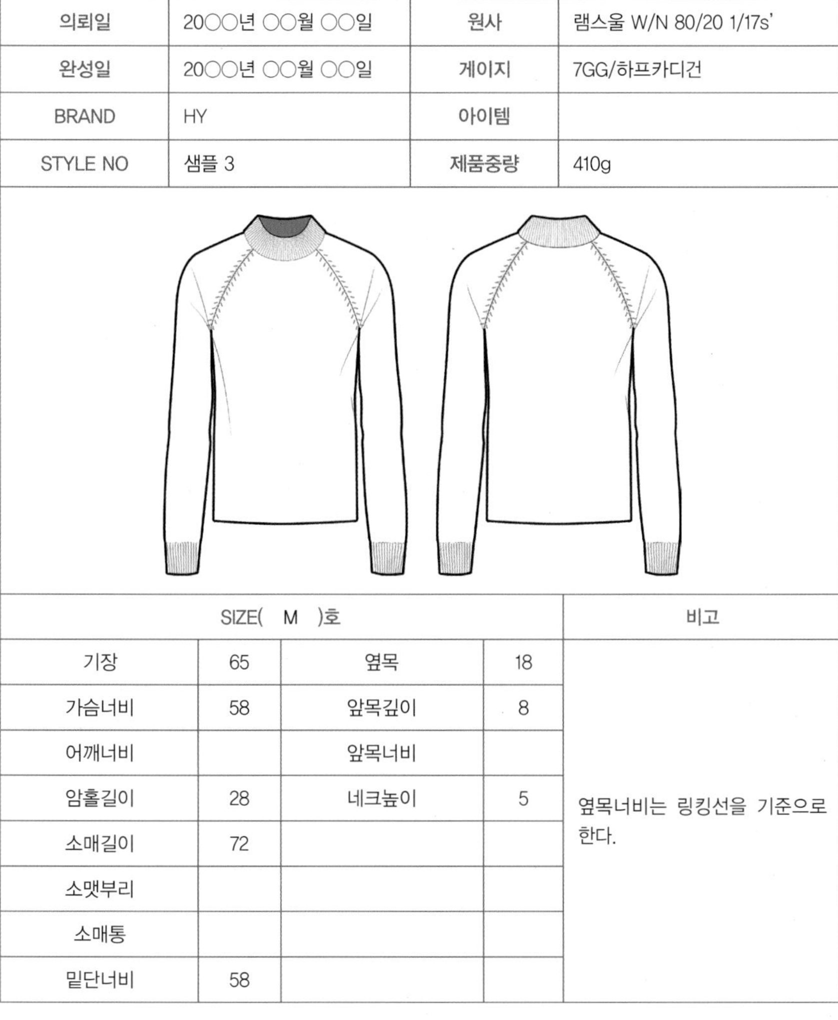

SIZE(M)호				비고
기장	65	옆목	18	옆목너비는 링킹선을 기준으로 한다.
가슴너비	58	앞목깊이	8	
어깨너비		앞목너비		
암홀길이	28	네크높이	5	
소매길이	72			
소맷부리				
소매통				
밑단너비	58			

그림 201

[샘플 3] 래글런 슬리브 풀패셔닝 니트 편직 작업지시서

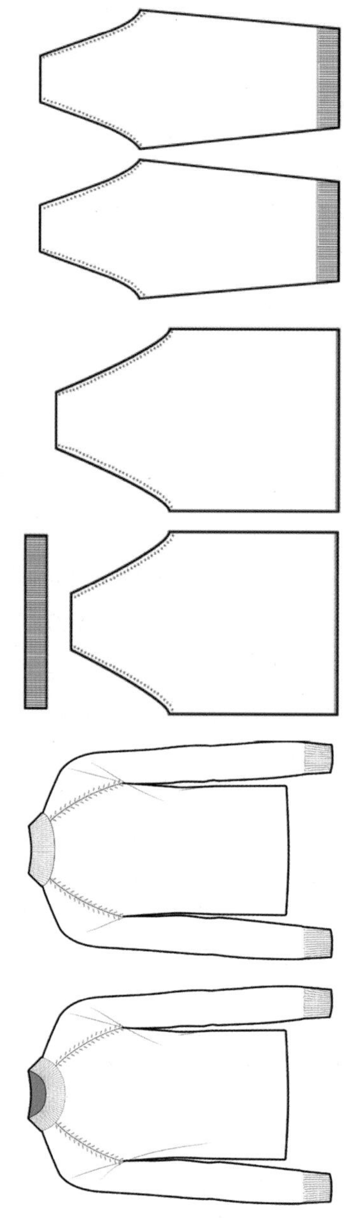

그림 202
래글런 슬리브의 풀패셔닝 셰이핑 작업

그림 203
하프카디건 조직 래글런 소매의
풀오버 셰이핑 편직, 7게이지

그림 204
래글런 소매 하프카디건 셰이핑 편직 풀오버, 7게이지

2) 컷 앤 링킹 편직 및 제작

일반적으로 컬러 자카드 편직은 원사가 여러 겹으로 사용되어 편직 시 셰이핑이 힘들다. 이에 가슴둘레 사이즈와 길이를 맞추어 편직하고, 앞뒤판과 소매 부속 등을 편직 후 어깨, 진동둘레, 네크라인, 소매를 재단하여 오버로크로 가장자리를 처리한 후 몸판과 소매 부속 등을 연결하여 완성하는 컷 앤 링킹(cut and linking)의 제작 방법이 주로 적용된다. 컴퓨터 자카드 편직은 원사의 로스가 많아 가격이 비싼 원사를 사용하는 디자인은 적절하지 않다는 것에 유의해야 한다.

컷 앤 링킹 가공 방법을 이용한 샘플의 제작은 자카드 편직 시 가장 많이 활용되는 버드아이 자카드 조직으로, 10게이지와 7게이지의 풀오버 디자인으로 편직하였다. 작업지시서는 ●그림 205와 같다. 작업지시서의 사이즈에 맞추어 앞뒤몸판과 소매, 목둘레 부속을 편직한다●그림 206, 그림 207. 이때 소매 부분도 셰이핑이 되지 않기 때문에 원사의 로스가 많아진다. 편직을 스팀 처리한 후 사이즈를 검토하고 진동둘레와 목둘레, 소매를 사이즈에 맞추어 재단한다●그림 208. 재단된 부분은 원사나 오버로크 봉제사의 컬러를 맞추어 편직 원단이 풀어지지 않게 오버로크로 마무리한다●그림 209. 그리고 링킹으로 무늬 패턴을 맞추어 봉제하며, 봉제 방법은 [샘플 1]의 작업과 같다●그림 210, ●그림 211.

SAMPLE 작업지시서

결재	담당	팀장		

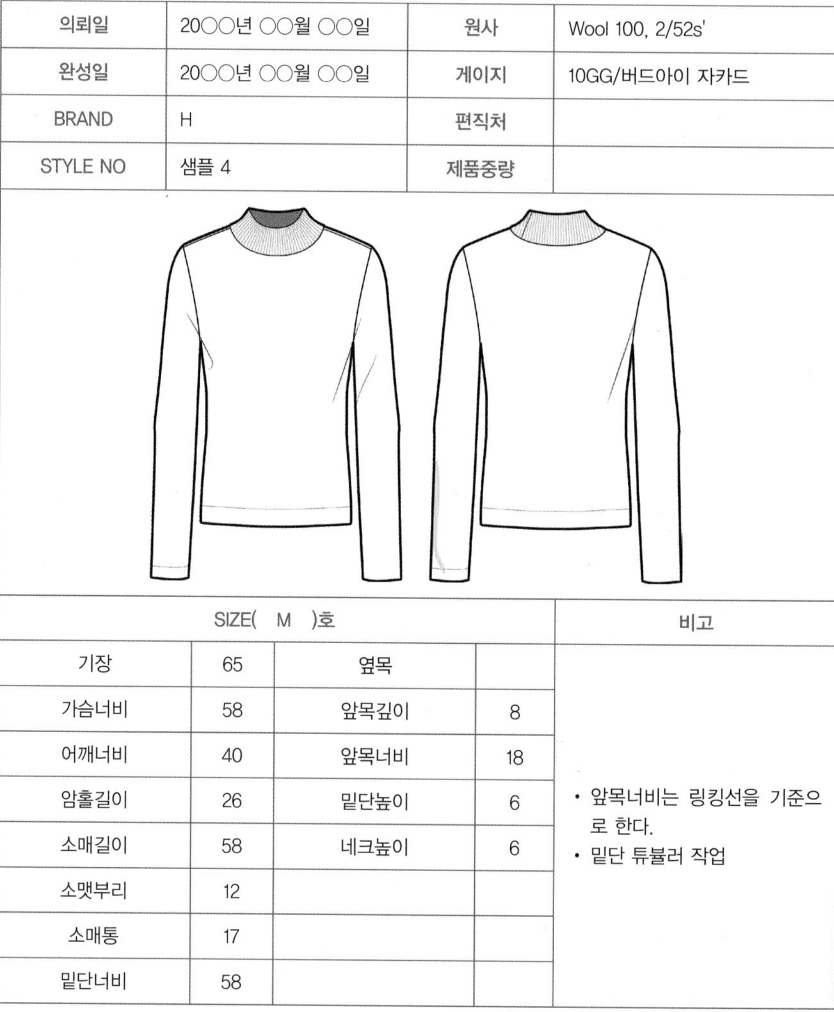

의뢰일	20○○년 ○○월 ○○일	원사	Wool 100, 2/52s'
완성일	20○○년 ○○월 ○○일	게이지	10GG/버드아이 자카드
BRAND	H	편직처	
STYLE NO	샘플 4	제품중량	

SIZE(M)호				비고
기장	65	옆목		• 앞목너비는 링킹선을 기준으로 한다. • 밑단 튜뷸러 작업
가슴너비	58	앞목깊이	8	
어깨너비	40	앞목너비	18	
암홀길이	26	밑단높이	6	
소매길이	58	네크높이	6	
소맷부리	12			
소매통	17			
밑단너비	58			

그림 205

[샘플 4] 컷 앤 링킹 버드아이 자카드 니트 풀오버 작업지시서

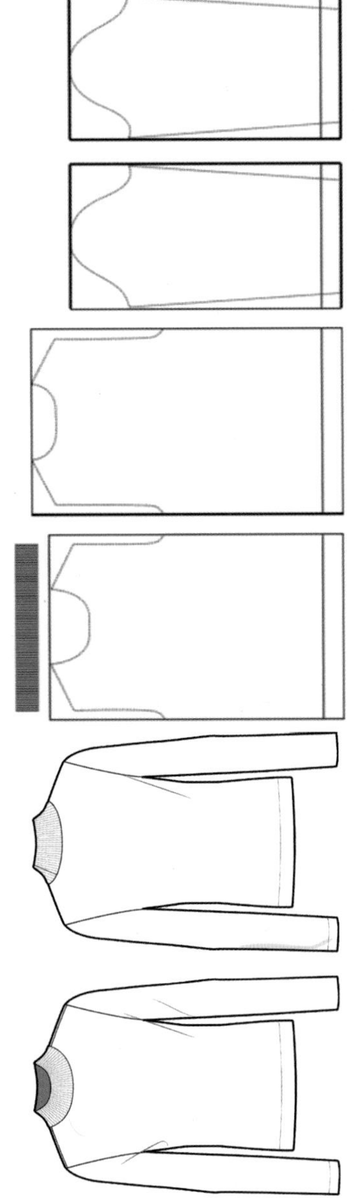

그림 206
컷 앤 링킹 가공 버드아이 자카드 니트 편직

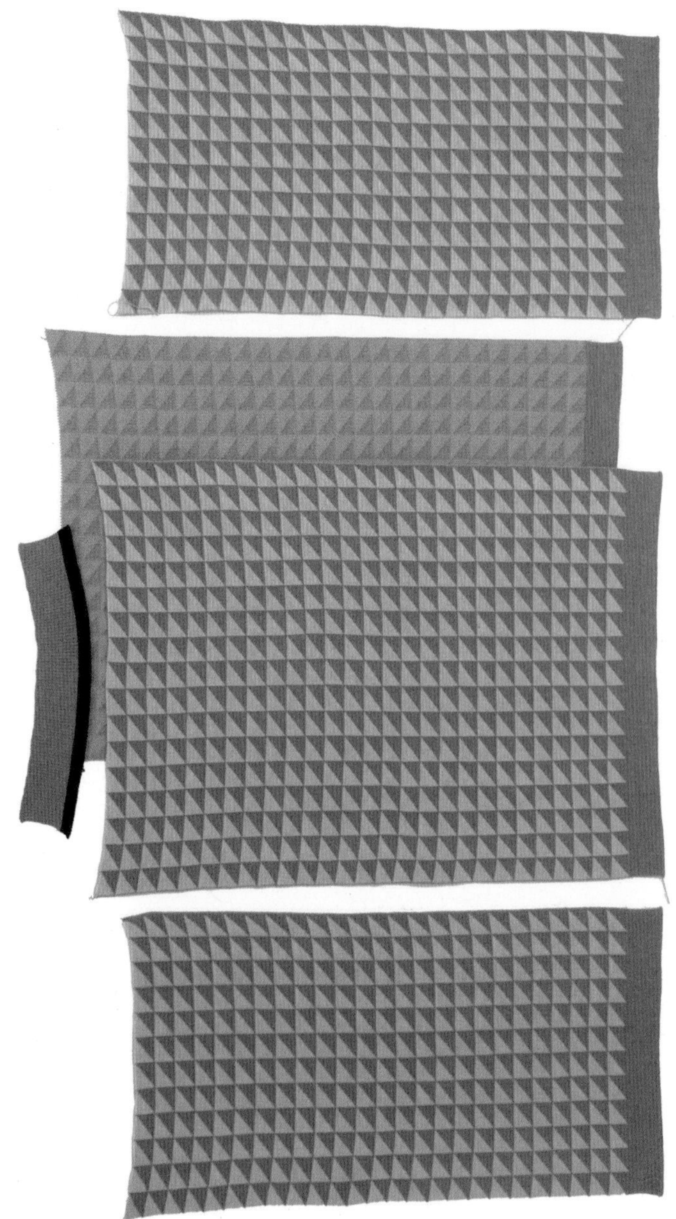

그림 207

12게이지 컷 앤 링킹 버드아이 자카드 편직
앞뒤판, 소매, 목둘레 리브단 부속

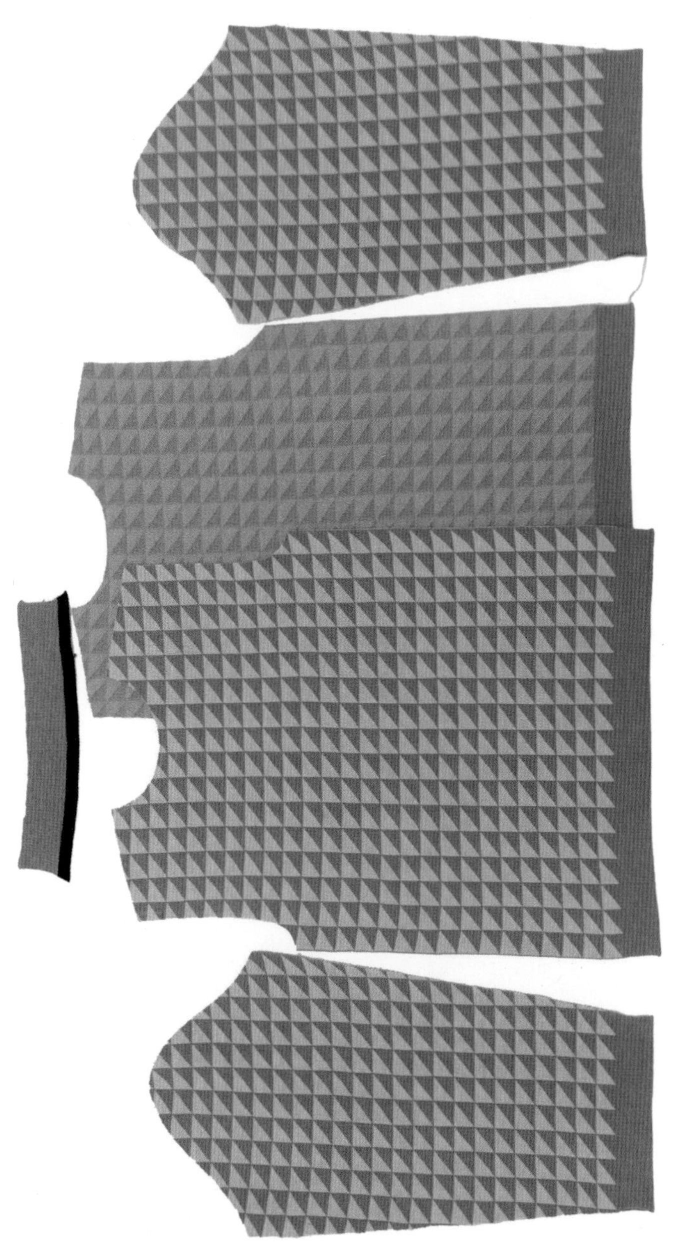

그림 208

12게이지 컷 앤 링킹 버드아이 자카드 편직
앞뒤판, 진동둘레, 목둘레, 소매 재단

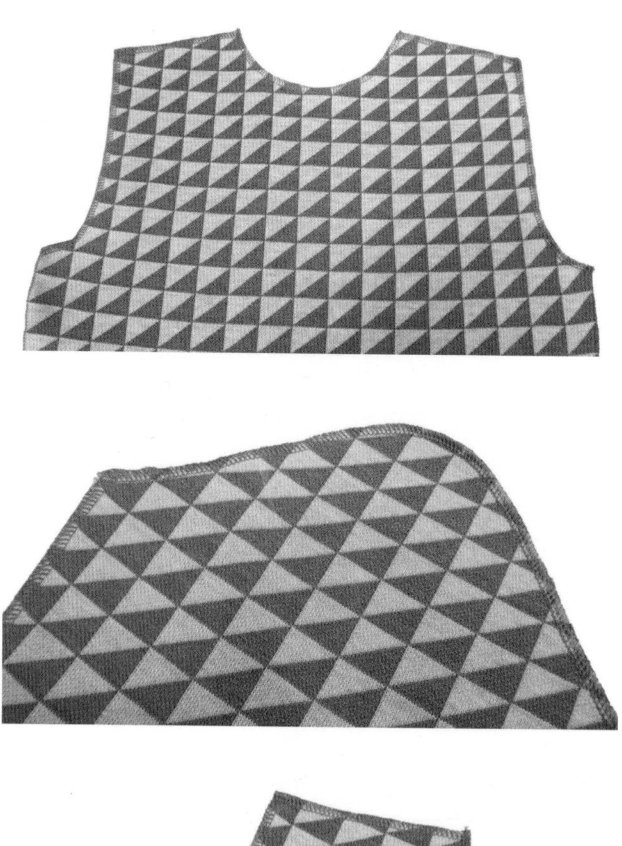

그림 209

버드아이 자카드 편직
앞뒤판, 진동둘레, 목둘레, 소매의 오버로크 처리

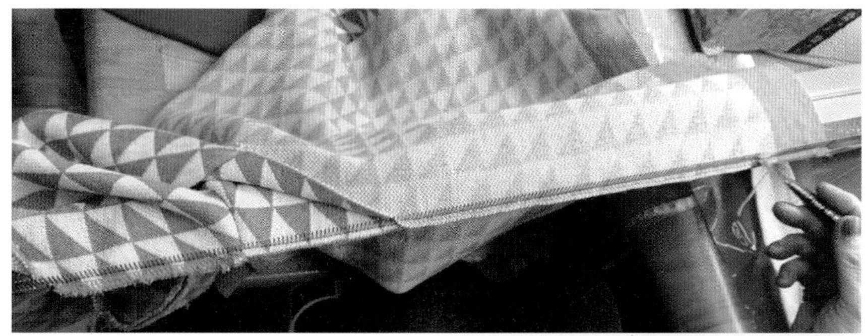

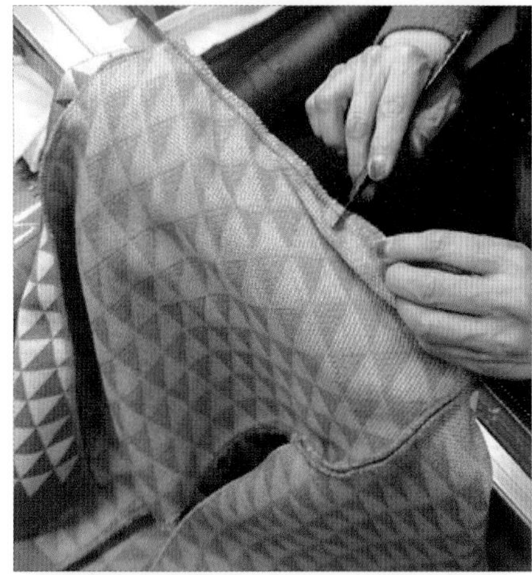

그림 210
버드아이 자카드 편직
앞뒤판 어깨, 진동둘레, 옆선, 소매, 목둘레의
링킹 마무리 처리

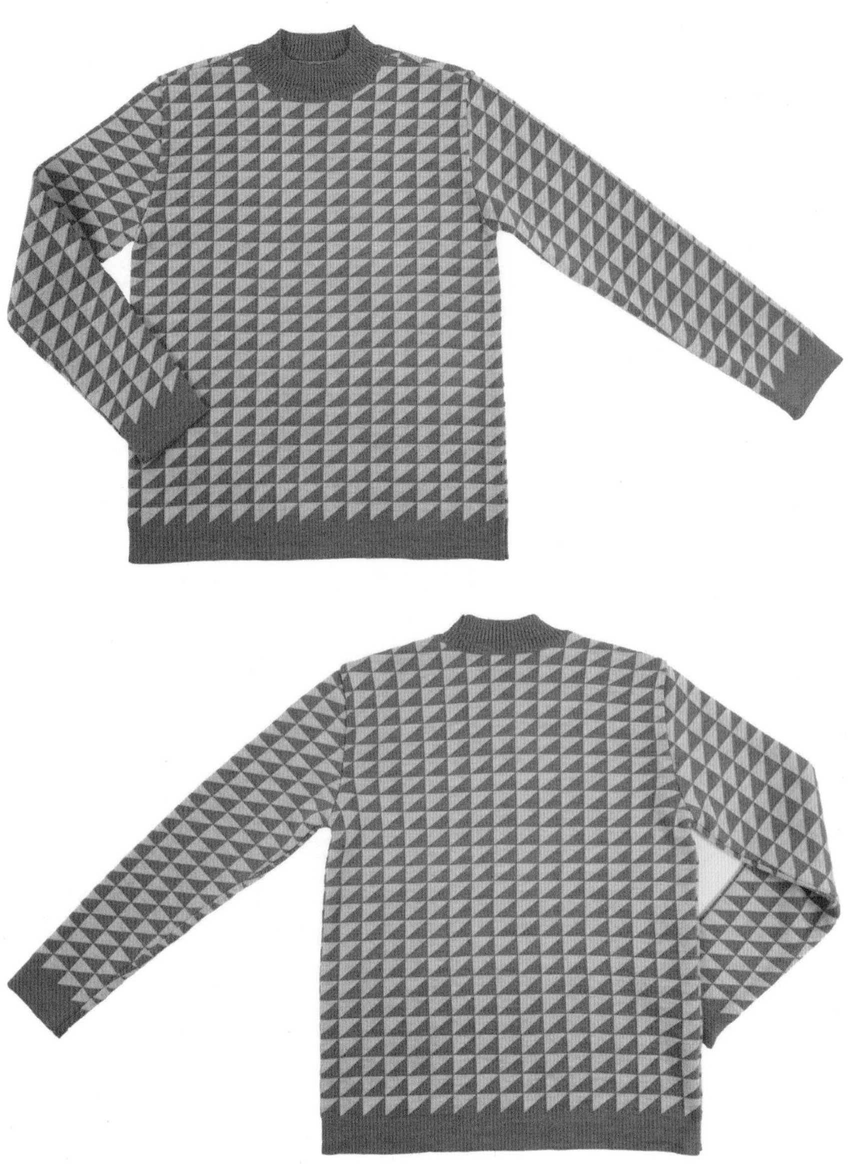

그림 211

12게이지 버드아이 자카드 풀오버 완성

3. 니트 패션 디자인의 제품 검토

샘플 제작 후 메인 제품군으로 생산이 결정된 니트웨어는 제작 생산 업체가 결정되면 메인 생산이 시작되면서 작업 투입 전에 QC(Quality Control) 샘플을 제작하여 최종 검토 과정을 거치게 된다. 이러한 과정에서 작업에 대한 변경이나 조정이 발생하기도 한다.

디자인 결정 시 모든 요소들이 필요한 것은 아니며, 아이디어와 경험에 따라, 사양이 개발되면서, 복잡한 디자인이 가능해진다. 그러나 패턴, 텍스처나 색상 및 배색 등을 고려하여 디자인을 결정해야 한다. 많은 절개선이나 디자인 라인, 복잡한 셰이핑으로 인해 패턴, 텍스쳐, 컬러웨이가 생각했던 것보다 다른 방향으로 구현되기도 한다. 니트웨어 디자이너들은 컬러의 구성, 변화의 복잡한 조직을 통한 소재 구현을 위해서 실루엣을 심플하게 하려고 하는 경향도 있다. 이러한 내용을 세부적으로 정리하면 ●표 11과 같다.

표 11 니트 디자인 작업 진행 시 확인 사항

항목	확인 사항
아이템	코트, 재킷, 후드, 판초, 케이프, 카디건, 랩 카디건, 트윈 세트, 스웨터, 탱크톱, 베스트, 캐미솔, 튜닉, 타바드, 조끼, 볼레로, 쉬러그, 드레스, 스커트, 바지, 점프수트
실루엣	T-shape, A-line, swing, 엠파이어, 트라페즈, 코쿤, 프린세스 라인
길이	디자인 실루엣에 따라 기본 블록(block)의 몸판 길이 조정
너비	• 몸판의 너비를 추가해서, 기본 셰이프를 늘린다. • 기본 블록에서 실루엣이 얼마나 변형되는지 고려한다. • 좀 더 피트된 룩을 위해 허리 라인에 니트 텐션을 주거나, 리브를 이용해서 디자인 변경이 가능하다.
어깨라인	어깨 라인의 셰이프 고려 (드롭 숄더, 사각 숄더, 래글런 숄더, 개더링 디테일, 패드 들어간 어깨)

(계속)

항목	확인 사항
네크라인	• 목 형태와 피니싱 고려(크루넥, 슬래시, 브이넥, 스퀘어넥, 스쿱넥, 보트넥, 다운스트링, 스위트허트, 키홀 오프닝, 비대칭 넥, 홀더, 플런지, 오프숄더, 드롭-백, 폴러, 퍼넬, 터틀, 카울넥, 후드 카울) • 적용할 칼라 형태 고려(피터팬, 스플릿, 버서, 만다린, 그로운온, 셔츠스타일, 라펠, 파넬, 드레이프, 숄, 케이프형 등) • 후드 추가 시 뒷목을 조정해서 후드를 만들고, 피니싱을 이용해서 연결한다.
암홀 모양	드롭 숄더의 경우, 암홀 형태와 소매 캡을 변경할 것(드롭, 셋인, 스퀘어 암홀, 피티드, 래글런, 새들 숄더, 기모노, 돌만, 배트윙, 플레어 케이프, 개더 소매)
소매 길이	소매길이의 조정(긴 소매, 3/4 길이, 반팔 소매)
소매 모양	소매 스타일과 형태의 고려(스트레이트, 피티드, 숏, 플레어, 캡소매, 퍼프소매, 익스텐디드, 플레어, 래글런 비숍, 게더소매, 벨소매, 배트윙소매, 기모노, 플레어 케이프, 피티드 케이프)
커프스	커프스 길이, 너비, 형태와 피니싱 고려[버튼 달린 커프스, 레이스, 링킹 커프스, 더블, 접어 넘김 커프스, 개더 커프스, 일반 니트, 피콧, 장식용 커프스, 스트링 커프스, 레이스 커프스, 플레어 커프스, 프릴 커프스, 봉제된 커프스, 탭 커프스, 바운드, 롤 소매, 러플 소매, 리브(1×1, 2×1, 2×2, 3×1, 꼬임, 케이블)]
오프닝과 잠금	트임, 구멍의 목적을 고려할 것(실제 사용, 장식용), 구멍의 타입을 고려할 것(버튼 채우는 용인지, 플라켓은 제결 넘김인지, 이중 플라켓인지, 숄더 플라켓인지, 보이는 지퍼 오프닝인지, 보이지 않는 지퍼 오프닝인지, 오픈엔드 지퍼인지, 리버서블 지퍼인지, 드로스트링이나, 토글과 타이로 잠그는 타입인지 등)
포켓	포켓을 넣을지, 포켓 스타일링은 어떻게 할지, 위치와 사이즈는 어떻게 조정할지, 포켓의 타입(패치포켓, 버튼 플랩 포켓, 박스 플리츠 포켓, 온심 포켓, 탈부착 가능 포켓, 엔벨럽 포켓)은 어떻게 할지, 실용성과 장식성 중 어떤 점에 디자인을 치중할지 결정한다.
스타일 라인	A라인, 밀리터리 라인, 싱글, 더블 블래스티드, 슬림 핏, 오버사이즈, 워터폴, 비대칭라인에 대한 스타일 라인을 생각할 것, 요크나 패널을 넣을지 고려한다.
헴라인	헴라인 셰이프를 고려한다(드레이프된 헴, 커프스 모양 헴, 테이퍼드 헴, 비대칭 헴, 피니싱되지 않은 헴, 헤지고 찢어진 헴라인. 페플럼, 프릴, 플라운스, 립의 추가).

(계속)

항목	확인 사항
잠금	버튼, 지퍼 잠금(메탈 지퍼, 플라스틱 지퍼, 보이는 지퍼, 숨김 지퍼, 오픈 엔드, 장식 지퍼, 실용적인 지퍼), 토글/프로그(떡볶이 단추) 부자재, 제원단 루프, 타이, 핀 잠금, 버클 잠금, 레이스 잠금, 아일렛 잠금, 훅앤아이, 버클과 같은 잠금 요소 등의 추가 여부를 결정한다.
끝단 장식 피니싱과 트리밍	• 장식 요소: 러플, 케이블, 레이스, 자수, 크로쉐, 원단, 엘보 패치, 인조 털 트림, 어깨 견장이나 태슬 장식 • 스모킹, 루시 장식, 자수, 비딩, 아플리케, 퀼팅, 크로셰, 메리야스 잇기, 톱스티치, 프린징, 태슬, 래더, 스웨이드, 우븐 트림, 브레이드, 리본, 모티프, 패치워크, 스터드 장식과 같은 디테일의 결합을 결정한다.
사양 테크닉	코 줄임/늘임, 봉제, 오버로크, 링킹, 장식과 혁신적인 절개선 처리, 몰딩 테크닉, 심리스 니팅

4. 니트 CAD 시스템을 활용한 니트 디자인 시뮬레이션

다양한 매체를 통한 패션 트렌드 관련 정보로 소비자가 느끼는 유행의 속도가 빨라지고 있는 가운데 소비자의 높아진 다양한 욕구를 만족시키고, 짧아진 유행 주기에 맞추기 위해서는 적절한 프로세스를 이용해 대응할 필요가 있다. 또한 고유의 디자인과 더불어 소량 생산과 짧은 생산기간이 요구되는 현실에서 기획단계에서 빠른 기획력과 원가 절감을 유도하는 것이 절실한데, 적절한 디자인 프로세스를 CAD 시스템을 활용하여 실행한다면 기획과 생산 측면에서 효율적인 작업이 될 수 있다. 특히 니트 제품은 디자인 시 그 샘플 작업이나 실질적으로 다양한 디자인 개발에는 많은 시간과 경비가 요구된다.

3D CAD 시스템은 의상 CAD 시스템에 기반을 두어 3차원 기술을 도입하여 의복을 3차원 인체 모델 위에 시뮬레이션함으로써 의복을 다각화하며, 의복을 모델에 가상착의할 수 있도록 보여주는 프로그램이다(이주현, 2007). 국내에 대표적인 패션 3D CAD 시스템으로는 건국대학교의 i-Fashion, 서울대학교의 DC-Suite,

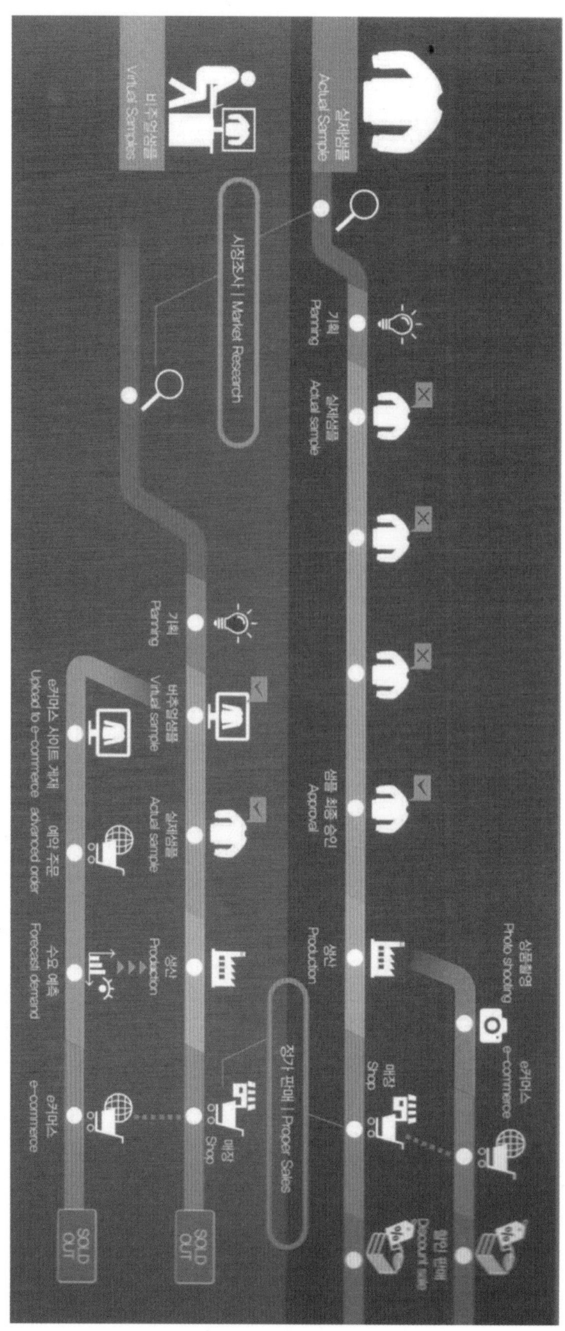

그림 212
시마세이키 SDS-ONE Apex
디자인 시스템의 전개

클로 버추얼 패션의 CLO 3D, D&M사의 Narcis 등이 활발히 연구를 진행 중이며 해외에서는 일본의 'I-Designer', 이스라엘 Browswear사의 'V-Stitcher', 3D 런웨이 디자이너(Runway Designer)사의 'Optex', 프랑스 렉트라(Lectra)사의 '3D-Fit' 등이 있다.

패션산업 분야의 니트 전문 3D CAD 시스템은 대표적으로 일본의 시마세이키 사의 SDS-ONE Apex 시스템과 독일 스톨사의 M1 프로그램이 있다. 일본의 시마세이키사나 독일의 스톨사 등에서는 컴퓨터 니트 편직과 디자인을 위하여 개발된 최신 컴퓨터 시스템들의 장비들을 갖추고 니트 패션 시장을 선도하고 있다. 국내 대부분의 컴퓨터 편직기들도 이 2개 회사의 것이 수입되어 사용되고 있다. 일본 시마세이키사에서 개발된 SDS-ONE Apex 디자인 시스템은 컴퓨터 자동 횡편기의 제어 소프트웨어 및 그래픽 구현 소프트웨어로써 1981년에 최초로 개발되어 판매되었고, 하드웨어 및 소프트웨어가 점점 발전함에 따라서 주로 횡편기 업체에 맞춤형으로 개량, 개발되어 디자인 기획, 원단의 시뮬레이션 구현 등이 가능한 디자인 시스템이다(시마세이키코리아) ●그림 212.

1) 원사 정보 입력

Apex 프로그램에서는 실제 원사를 원사 입력 장치에 걸고 스캔함으로써 ● 그림 213, 그림 214, 실제 원사의 헤어나 질감을 있는 그대로 재현할 수 있어 장식사(fancy yarn) 작업에 적합하며, 원사의 꼬임이나 멜란지 표현, 스페이스 다이드사 등 다양한 부가 기능을 토대로 원사를 라이브러리로 정리할 수 있다 ● 그림 215~220.

그림 213
원사 입력 장치 스캐너

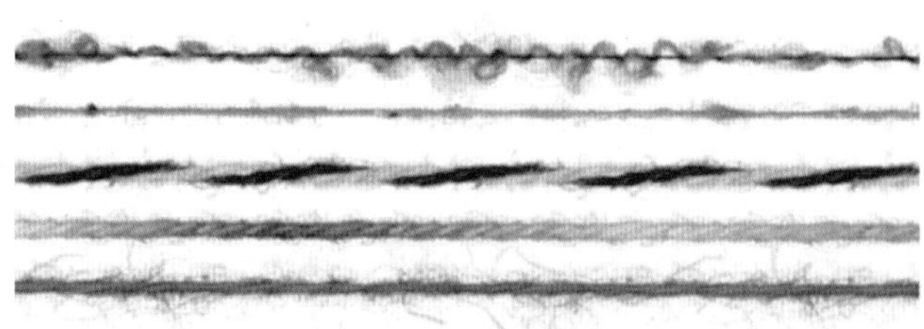

그림 214
다양한 원사 스캔의 예

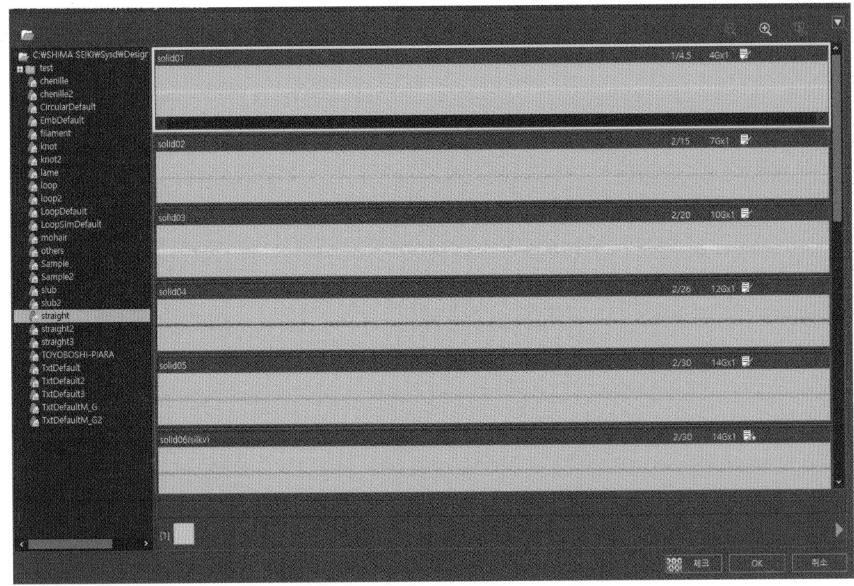

그림 215

스트레이트 원사의 라이브러리

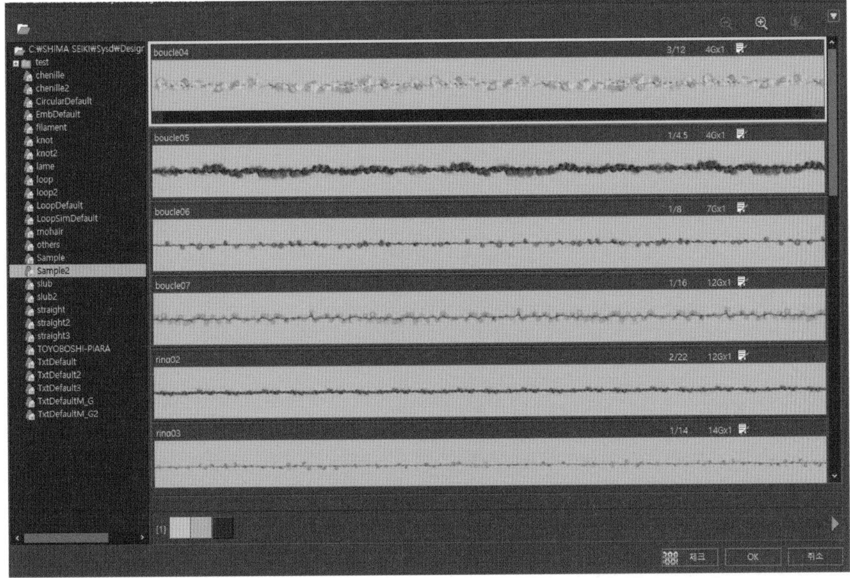

그림 216

다양한 장식사의 라이브러리

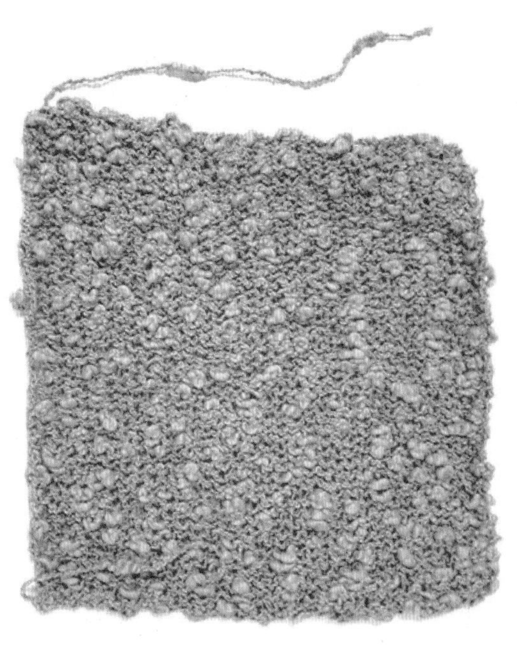

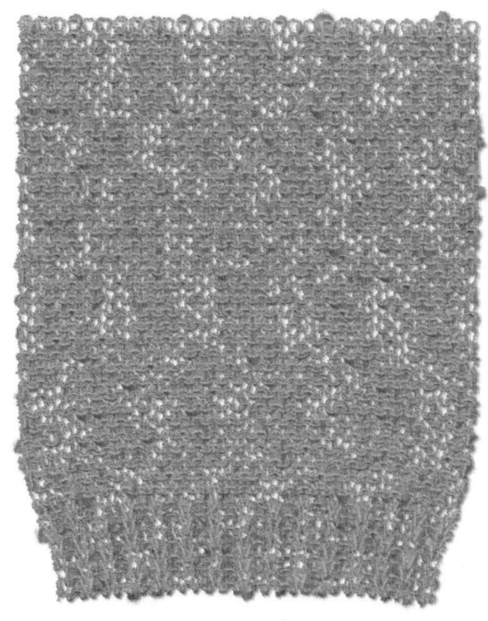

그림 217
원사 시뮬레이션, 실물 편직(상)과
원사 스캔 후 시뮬레이션(하)

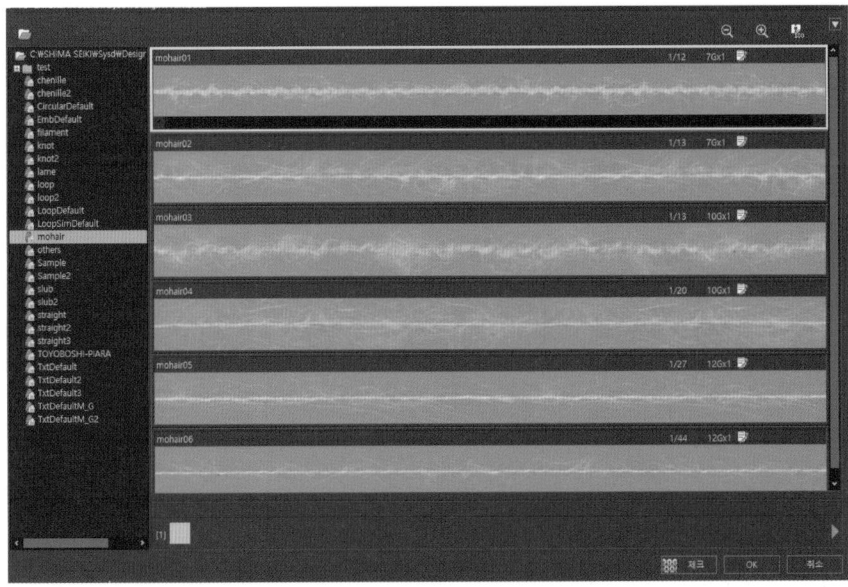

그림 218
헤어리 원사의 라이브러리

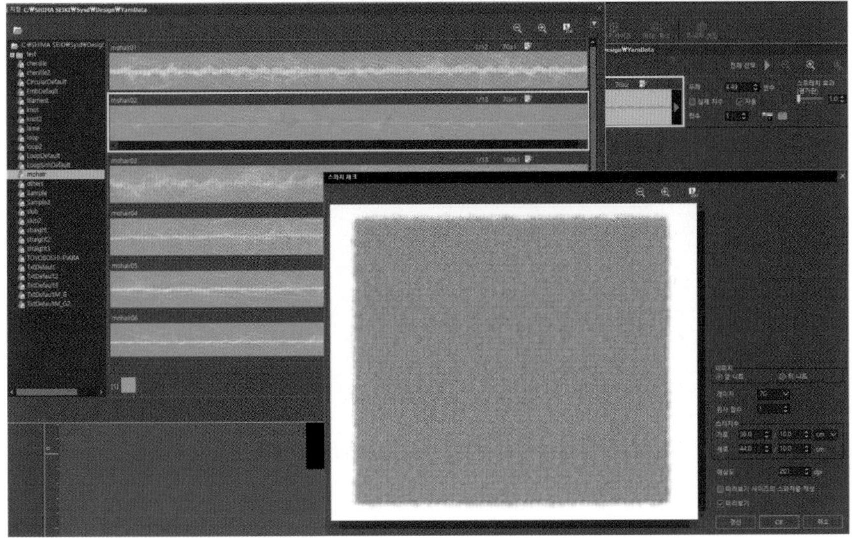

그림 219
헤어리 원사 스캔 후 편직 시뮬레이션

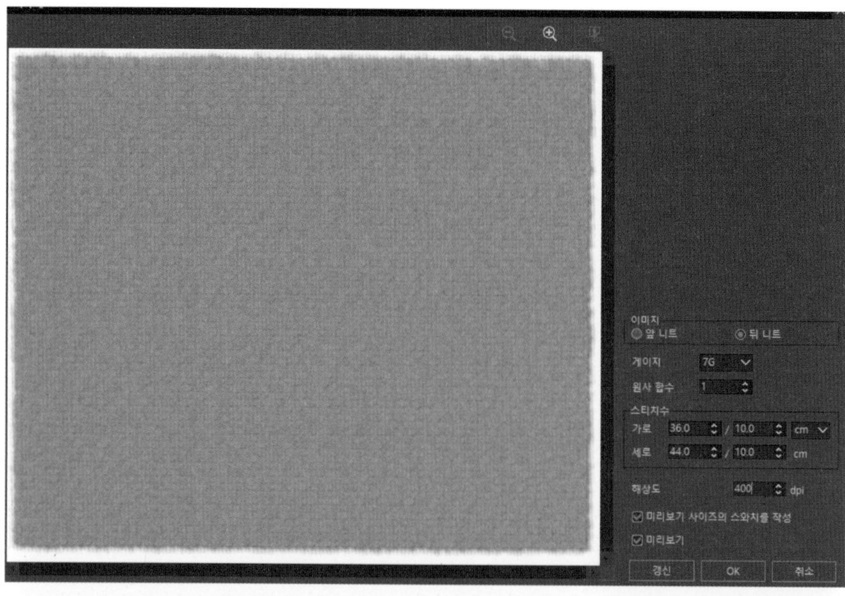

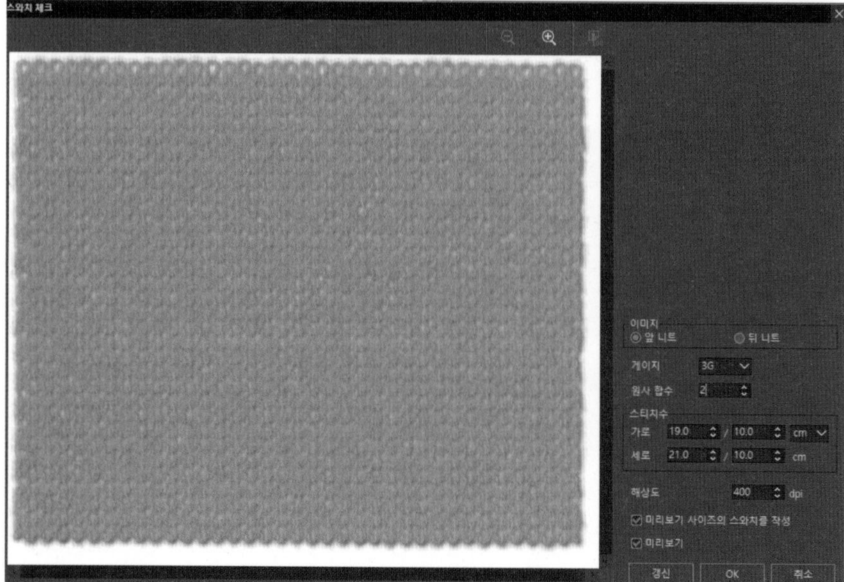

그림 220

헤어리 원사의 게이지 시뮬레이션

2) 조직 라이브러리 활용

Apex 디자인 시스템에는 원사 라이브러리와 함께 다양한 조직을 실현시킬 수 있는 조직 라이브러리가 있어 여러 가지 다양한 조직들의 시뮬레이션이 가능하다 ●그림 221~223. 또한 입력한 원사들을 그 데이터를 토대로 버추얼 샘플링(virtual sampling)의 실행이 가능하여●그림 224, 기획 단계의 샘플링 비용을 획기적으로 줄일 수 있다.

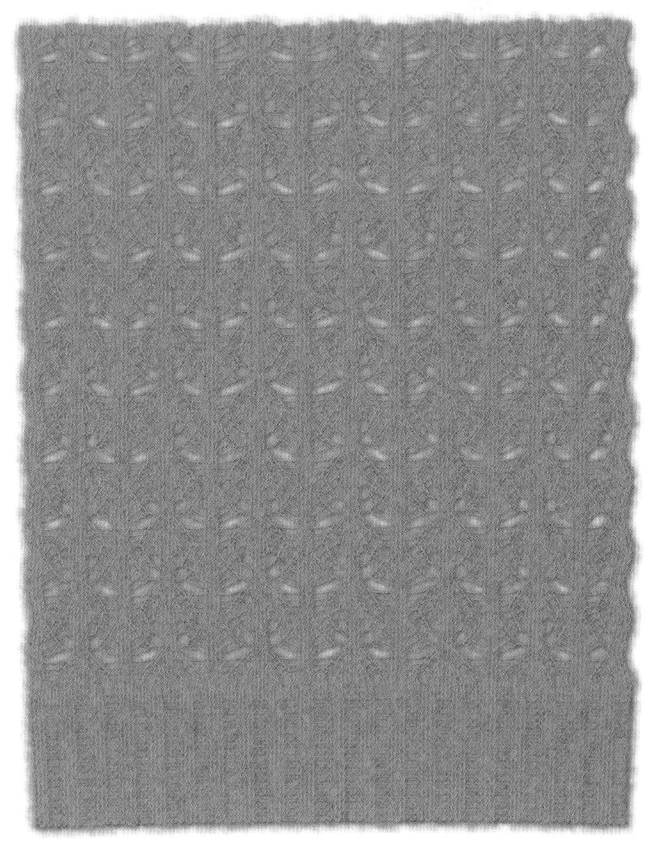

그림 221
모헤어 원사를 스캔하여 활용한 레이스 조직 시뮬레이션

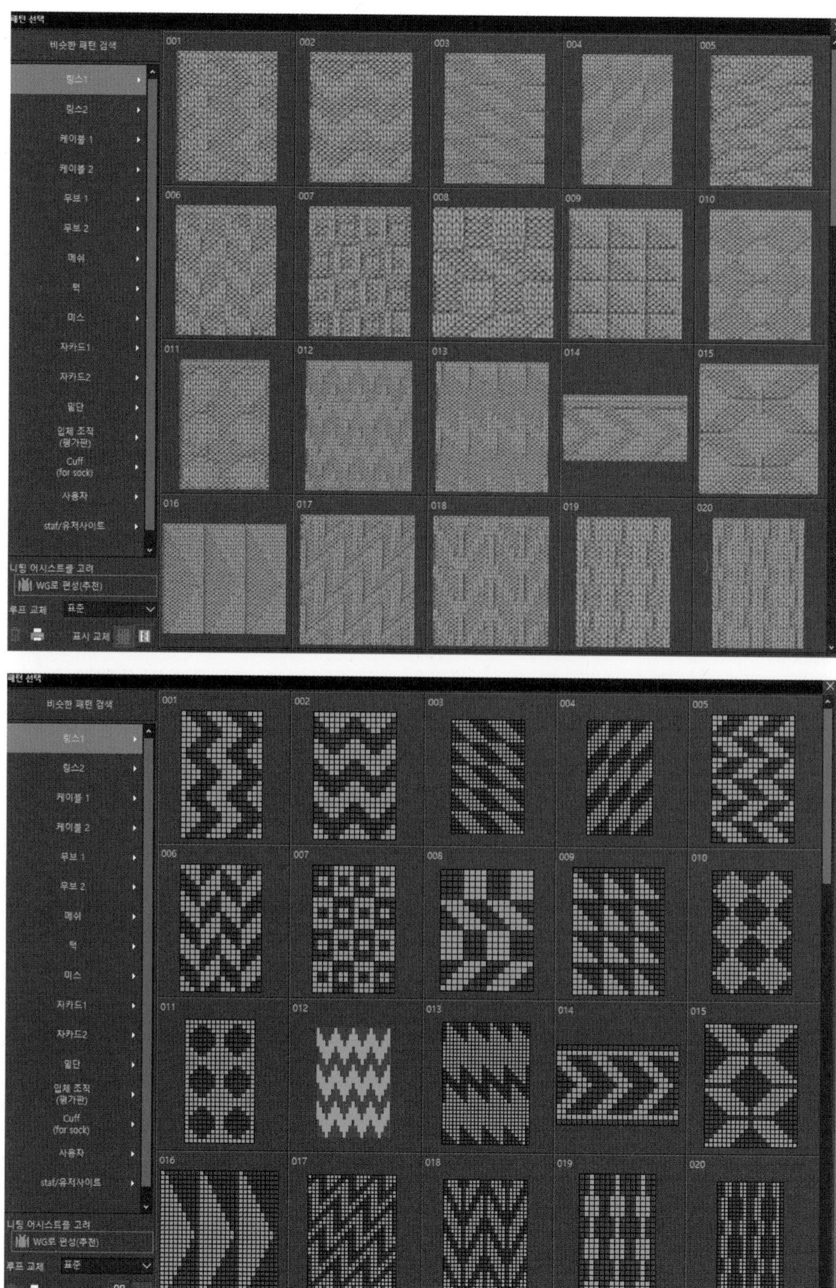

그림 222

링스 조직 라이브러리

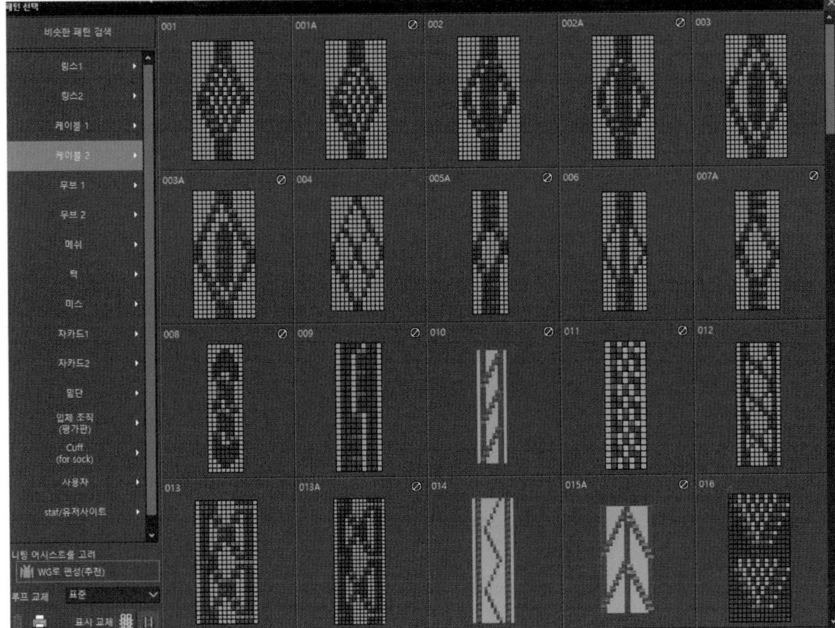

그림 223
케이블 조직 라이브러리

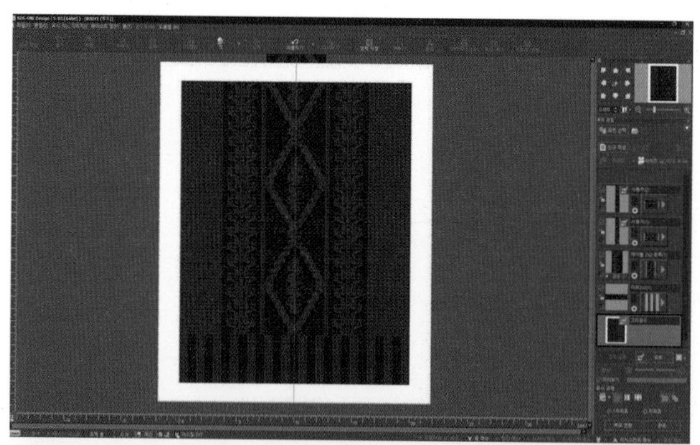

그림 224

케이블 조직의 시뮬레이션

3) 컬러 배색 활용 및 이미지 합성

최근 디자인 시스템에서는 버추얼 샘플링 결과나 원단을 스캔한 이미지를 토대로 사진에 리얼하게 합성(mapping)하는 기능을 탑재하고 있다● 그림 225. 컬러를 활용함으로써 실물과 더욱 가까운 경험을 할 수 있는 기회가 될 수 있다.

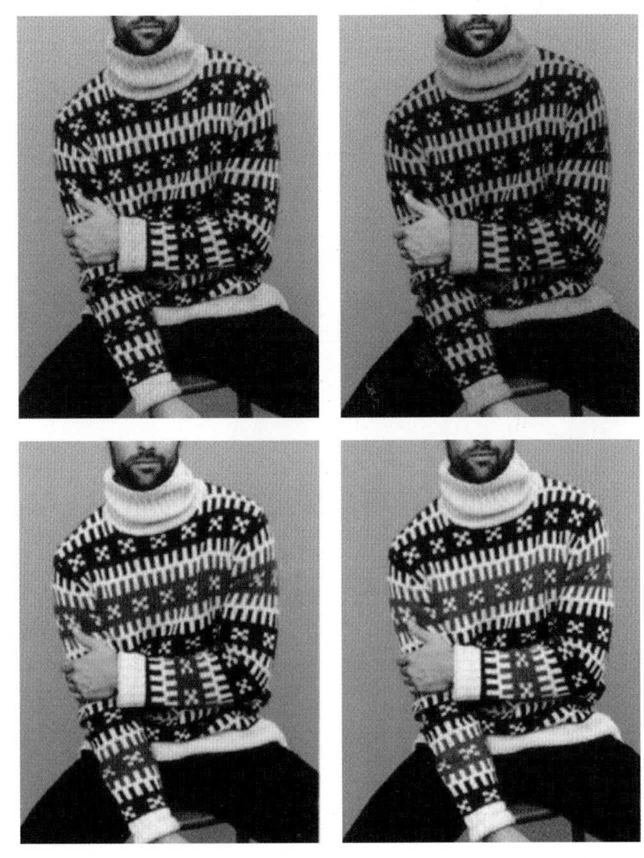

그림 225
매핑을 활용한 컬러 배색 응용

4) 패턴 제작: 3D 모델리스트(modelist)

의류 패턴을 기준으로 3D 모델에 텍스처를 입히는 기능으로, 프린트 도안이나 버추얼 샘플의 이미지를 합성할 수 있다● 그림 226.

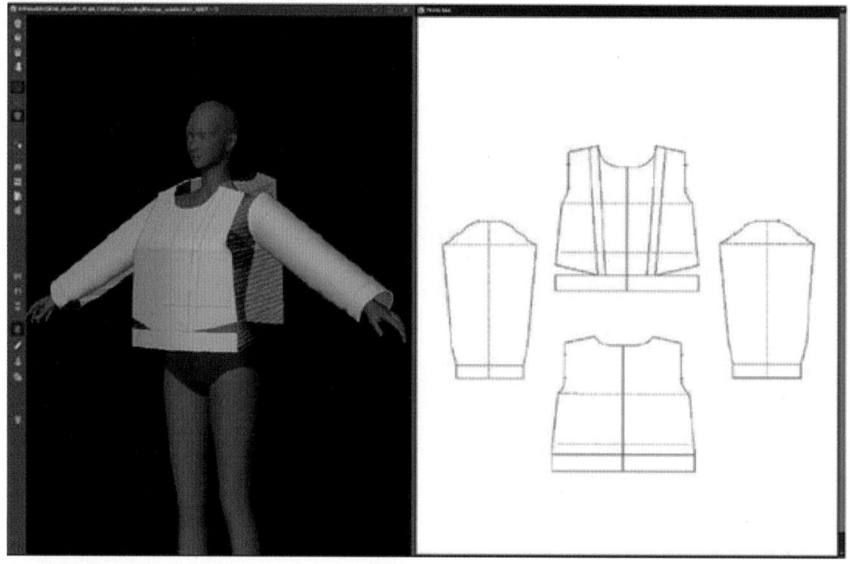

그림 226
의류 패턴 제작과 3D 모델리스트

KNIT FASHION DESIGN

PART 4

니트 패션 디자인 전개

1. 원사 활용 스트라이프 니트 원피스
2. 게이지의 변화 활용 니트 투피스
3. 변형 리브 조직 활용 니트 풀오버
4. 변형 리브 조직 활용 니트 점프수트
5. 다양한 조직의 변화 활용 니트 원피스
6. 케이블 조직 활용 니트 원피스
7. 케이블 조직 활용 가변형 니트 원피스
8. 컬러 배색 활용 페어아일 플로팅 자카드 니트 원피스
9. 라트비아 문양 튜뷸러 자카드 니트 후드 코트
10. 페어아일 튜뷸러 자카드 니트 베스트
11. 노르딕 튜뷸러 자카드 후드형 니트 원피스
12. 인타시아 기법 활용 니트 원피스
13. 인타시아 기법 활용 박시형 니트 원피스

PART 4

니트 패션 디자인 전개

1. 원사 활용 스트라이프 니트 원피스

- **원사** 화이트 스트레이트 울 혼방 중세사, 그레이 뮬리네 장식사, 스페이스다잉 장식사, 모헤어
- **게이지** 3GG
- **조직** 플레인(리버스)
- **제작 방법** 풀패셔닝
- **아이템** 니트 원피스
- **색채** 아이보리, 그레이, 블루-그레이-브라운

다양한 원사를 활용한 니트 원피스 디자인은 기본 플레인 조직으로 편직하였으며, 플레인 조직의 앞, 뒷면 플레인과 리버스 조직을 혼합하여 디자인에 활용하여 기본 조직의 다양한 변화를 표현하였다. 기본 중세사의 울 혼방사를 바탕색으로, 스트라이프 패턴에 스페이스다잉 원사의 다양한 색상과 뮬리네 장식사를 활용하여 변화를 더할 수 있게 디자인하였다. 스페이스다잉 원사는 스트라이프 패턴으로 활용 시 다양한 컬러로 활용될 수 있음을 보여주고자 하였다. 또한 스트라

이프 패턴은 리버스 조직에서 스티치 형식으로 흔적이 나타나는 효과가 있으며, 플레인과 리버스 조직의 단순한 변화 디자인도 충분한 니트 디자인 구성요소 활용의 효과를 볼 수 있음을 확인할 수 있다. 모헤어 원사로 밑단을 리브단 대신 작업하여 변화 있고 가벼운 느낌으로 처리하였다.

니트 소재의 신축성은 여성의 곡선을 표현하기에 매우 적절하다. 이에 본 작품은 우븐 패턴보다 가슴둘레 사이즈를 15% 줄여서 작업하였으며, 길이는 옆으로 늘어났을 경우의 수축성을 고려하여 10% 늘려 제작하였다. 셰이핑 제작 방법의 활용으로 앞판, 뒤판, 소매, 목둘레 리브단을 사이즈에 맞춰 편직하여 재단 없이 바로 제작하여 완성하였으며, 제로웨이스트 디자인으로 진행이 가능하다.

SAMPLE 작업지시서

결재	담당	팀장		

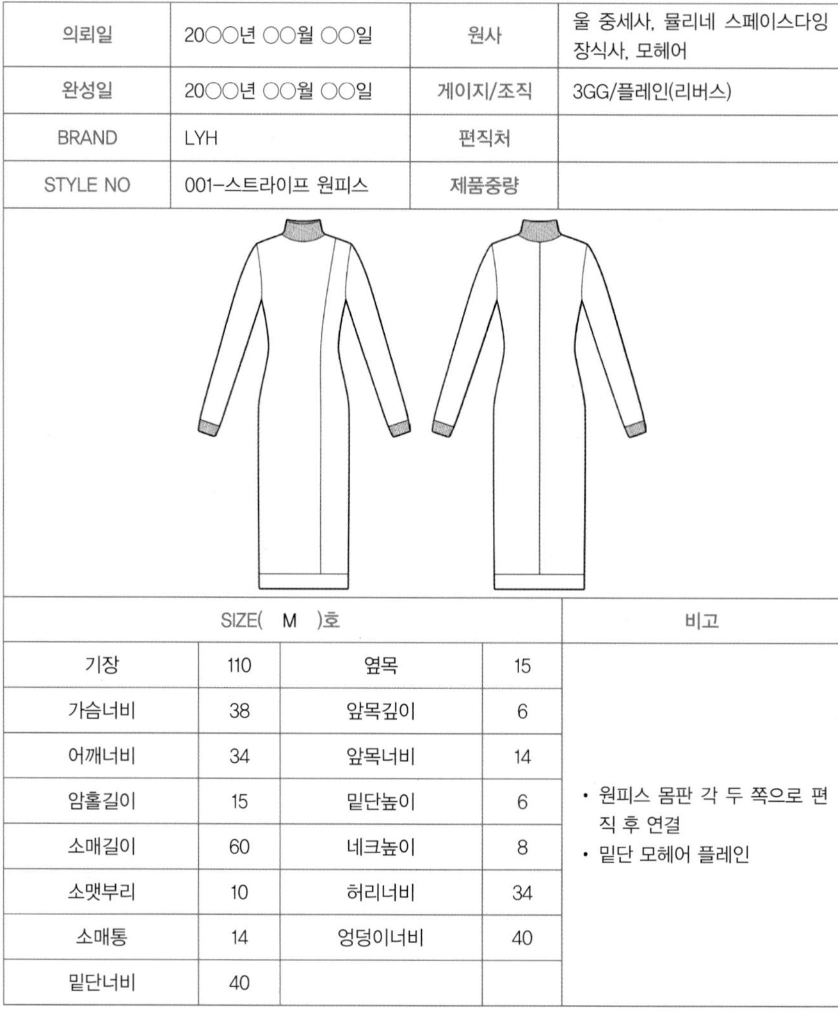

의뢰일	20○○년 ○○월 ○○일	원사	울 중세사, 률리네 스페이스다잉 장식사, 모헤어
완성일	20○○년 ○○월 ○○일	게이지/조직	3GG/플레인(리버스)
BRAND	LYH	편직처	
STYLE NO	001-스트라이프 원피스	제품중량	

SIZE(M)호				비고
기장	110	옆목	15	• 원피스 몸판 각 두 쪽으로 편직 후 연결 • 밑단 모헤어 플레인
가슴너비	38	앞목깊이	6	
어깨너비	34	앞목너비	14	
암홀길이	15	밑단높이	6	
소매길이	60	네크높이	8	
소맷부리	10	허리너비	34	
소매통	14	엉덩이너비	40	
밑단너비	40			

그림 227
원사 활용 스트라이프 니트 원피스 작업지시서

그림 228
원사 활용 스트라이프 니트 원피스 전면

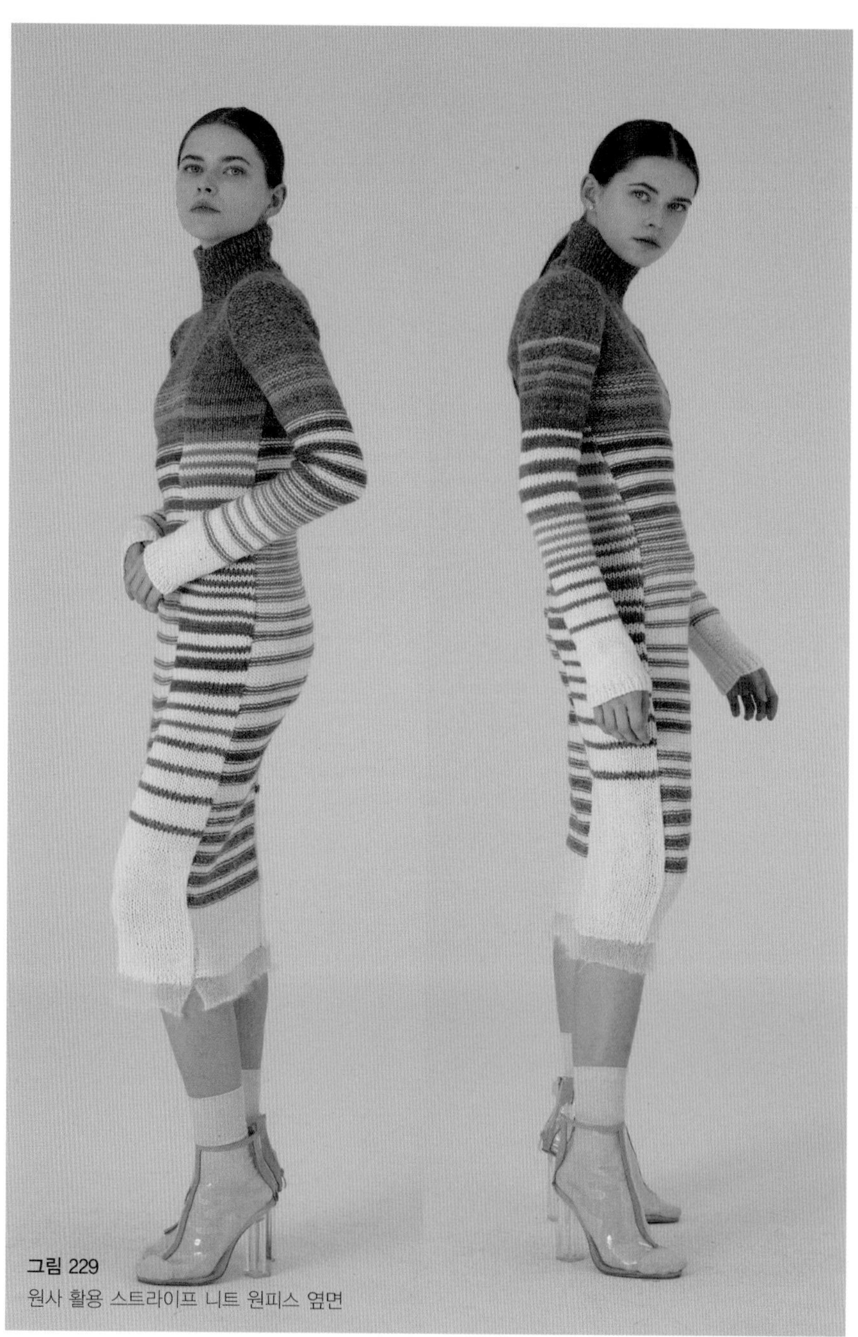

그림 229
원사 활용 스트라이프 니트 원피스 옆면

그림 230
원사 활용 스트라이프 니트 원피스 후면

2. 게이지의 변화 활용 니트 투피스

- **원사** 튜브형 장식사, 울세사
- **게이지** 3GG, 5GG, 12GG
- **조직** 플레인
- **제작 방법** 풀패셔닝
- **아이템** 니트 투피스
- **색채** 베이지

본 니트 투피스 디자인은 게이지의 활용을 표현하고자 디자인한 니트 투피스로, 튜브형 장식사와 세사를 활용하여 다양한 게이지가 융합된 디자인이다. 3게이지의 플레인 조직을 튜브사 2합사로 상의의 앞몸판과 스커트에 적용하였으며, 스커트의 뒤판과 터들넥에는 5게이지를 적용하여 튜브사 1올로 편직하였다. 상의 풀오버의 뒤판과 소매에는 12게이지를 적용하여 울세사 2합사로 편직하였다. 본 작품은 게이지의 대비를 주어 하나의 디자인에도 다양한 게이지의 적용이 가능함을 표현하고자 하였다. 상의 밑단, 소매 밑단, 스커트의 밑단은 모두 튜뷸러 조직으로 처리하여 편안하게 직선으로 떨어지도록 디자인하였다.

제작은 셰이핑 방법으로 진행하였으나, 상의는 3게이지와 12게이지의 편차가 큰 게이지로 다르게 편직되어 목둘레와 어깨는 재단하여 작업하였다. 어깨선은 앞뒤 몸판의 게이지가 달라 재단하여 링킹으로 봉제하였으며, 3게이지와 12게이지의 접합으로 링킹은 12게이지용으로 처리하여 소매를 바디와 연결하였다. 소매의 편직 원단에서 소매산 부분은 재단하여 처리하였다.

본 디자인도 여성스러움을 표현한 작품으로, 타이트한 디자인으로 전개하였으며 울 소재보다 신축성이 적은 소재를 감안하여 우븐 패턴보다 가슴둘레 사이즈를 10% 줄여서 편직하였다. 길이는 옆으로 늘어났을 경우의 수축성을 고려하여 10% 늘려 제작하였다.

SAMPLE 작업지시서

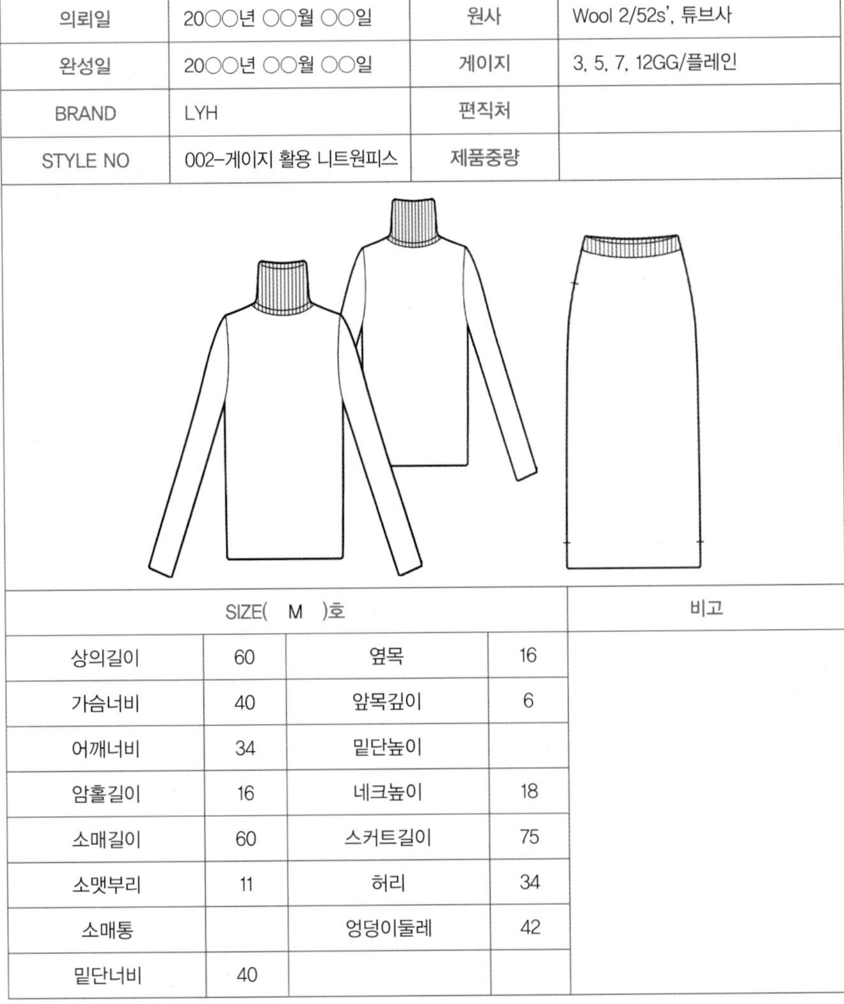

결재	담당	팀장		

의뢰일	20○○년 ○○월 ○○일	원사	Wool 2/52s', 튜브사
완성일	20○○년 ○○월 ○○일	게이지	3, 5, 7, 12GG/플레인
BRAND	LYH	편직처	
STYLE NO	002-게이지 활용 니트원피스	제품중량	

SIZE(M)호				비고
상의길이	60	옆목	16	
가슴너비	40	앞목깊이	6	
어깨너비	34	밑단높이		
암홀길이	16	네크높이	18	
소매길이	60	스커트길이	75	
소맷부리	11	허리	34	
소매통		엉덩이둘레	42	
밑단너비	40			

그림 231

게이지의 변화 활용 니트 투피스 작업지시서

그림 232
게이지의 변화 활용 니트 투피스 전면

그림 233
게이지의 변화 활용 니트 투피스 옆면

그림 234
게이지의 변화 활용 니트 투피스 후면

그림 235
게이지의 변화 활용 니트 투피스 옆면

3. 변형 리브 조직 활용 니트 풀오버

- **원사** 램스울(W/N 80/20), 모헤어
- **게이지** 몸판 5GG, 러플 3GG
- **조직** 플레인(몸판), 하프카디건 변형 리브 조직
- **제작 방법** 풀패셔닝
- **아이템** 니트 원피스
- **색채** 백아이보리, 아이보리, 베이지

본 디자인은 하프카디건 변형 리브 조직을 활용한 러플 조직으로 디자인한 니트 원피스로, 바디를 덮는 볼륨 있는 라인의 디자인으로 전개하였다. 일반적인 변형 리브 조직은 주로 풀오버나 카디건의 바디에 활용되고 있다. 니트 러플은 편직 기계에서 편직 밀도와 바늘수를 조정하여 편성할 수 있으며, 이를 활용하여 러플을 활용한 볼륨 있는 여성 니트 원피스로 제작하였다. 니트 편직은 기본이 되는 게이지를 편직 기계의 침상에 배치된 바늘의 간격을 조정하여 편성물을 완성하게 된다. 게이지는 실의 굵기와 밀접한 관련이 있으며 게이지를 변화시키거나 콧수 변화, 밀도 변화를 주어 기계 니트 러플을 표현할 수 있다.

편직은 리브 조직과 변형 리브 조직으로 러플을 형성할 수 있도록 편직하였으며 끝처리를 손으로 마무리하여 러플의 곡선을 더할 수 있도록 마무리하여 바디에 불규칙 곡선으로 부착하였다. 3GG의 횡편 편직기에서 전체 폭을 사용하여 하프카디건 변형 리브 조직 러플 40쪽을 편직하였다. 길이는 두 개나 세 개를 이어 붙여서 길이를 자유롭게 러플을 형성하며 바디에 부착하여 진행하였다. 바디는 일반적으로 많이 사용하는 램스울 2합사 5게이지로 편직하였으며, 러플은 볼륨감을 주고자 모헤어 원사를 활용하였다. 모헤어 편직의 러플 조직은 편직 후 세탁기로 물세탁하여 헤어리한 느낌이 나타나도록 하였다.

SAMPLE 작업지시서

결재	담당	팀장		

의뢰일	20○○년 ○○월 ○○일	원사	Lambs Wool 80/20 1/17s'
완성일	20○○년 ○○월 ○○일	게이지/조직	3GG/하프카디건, 5GG/플레인
BRAND	LYH	편직처	
STYLE NO	003-니트 프릴 풀오버	제품중량	

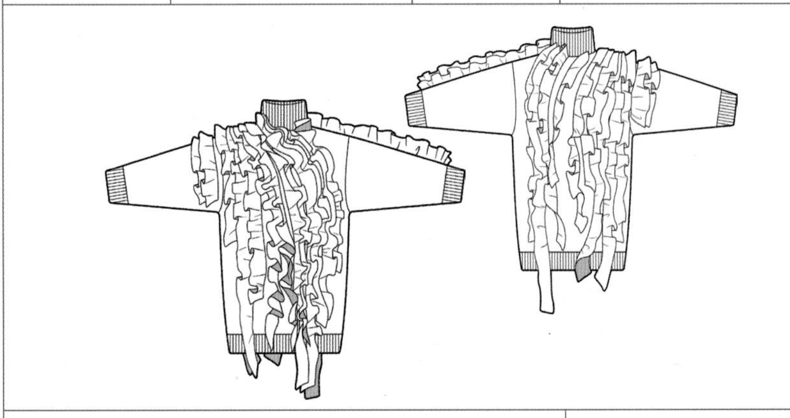

SIZE(M)호				비고
기장	80	옆목	18	
가슴너비	64	앞목깊이	7	
어깨너비	60	앞목너비		
암홀높이	24	밑단높이	10	
소매길이	54	네크높이	15	
소맷부리	18			
소매통		러플높이	8	
밑단너비	62			

그림 236

하프카디건 변형 리브 조직 풀오버 작업지시서

그림 237
하프카디건 변형 리브 조직 풀오버 전면

그림 238
하프카디건 변형 리브 조직 풀오버 옆면

그림 239
하프카디건 변형 리브 조직 풀오버 디테일

4. 변형 리브 조직 활용 니트 점프수트

- **원사** 램스울(W/N 80/20), 모헤어
- **게이지** 몸판 5GG, 러플 3GG
- **조직** 1×1 리브, 변형 리브 하프카디건, 플레인 조직(몸판)
- **제작 방법** 풀패셔닝
- **아이템** 점프수트
- **색채** 블랙, 그레이, 화이트

본 점프수트 니트 디자인은 니트 러플 조직을 활용하여 꽃 모양을 형상화한 디자인이다. 변형 리브 조직의 특성을 활용하여 꽃의 이미지를 형상화하고자 하였다. 원사는 가벼운 소재의 모헤어를 사용하여 변형 리브 조직의 하프밀라노 조직으로 러플을 편직하였다. 방사 형태가 반복적으로 나타나 균형을 이루는 작품으로 꽃의 중심부를 크게 확대하여 원형으로 반복되는 꽃잎을 곡선으로 부드럽게 표현하였다. 자연이 주는 물결의 흐름이 연상되는 점진적인 원의 반복 형태를 가지고 있다.

작품에서 보이는 반복적인 요소는 점프수트의 네크라인부터 상의까지 연결되는 러플 장식을 원형으로 돌려가며 전체에 장식하고 하의는 니트 원단의 플라운스 장식을 트리밍하여 착장 시 생기는 주름이 상의 러플 장식과 디자인이 자연스럽게 조화되게 표현하였다. 블랙과 화이트가 주를 이룬 작품의 색채는 화이트 장식에 그레이로 염색하여 그러데이션 효과를 주었으며 블랙 러플과 연결되며 명도 차이가 주는 입체적 효과를 나타내었다.

SAMPLE 작업지시서

결재	담당	팀장		

의뢰일	20○○년 ○○월 ○○일	원사	Lambs Wool 80/20 1/17s'
완성일	20○○년 ○○월 ○○일	게이지/조직	10GG/플레인, 하프카디건
BRAND	LYH	편직처	
STYLE NO	004-니트 프릴 점프수트	제품중량	

SIZE(M)호				비고
기장	150	옆목	20	소매 워머 길이: 70
가슴너비	42	앞목깊이	10	
어깨너비	34	앞목너비		
암홀높이	16	밑단높이		
소매길이	별도 워머 70	네크높이		
소맷부리	9	엉덩이둘레	46	
소매통		바지길이	110	
밑단너비		러플높이	8, 10	

그림 240

하프카디건 러플 활용 니트 점프수트 작업지시서

그림 241
하프카디건 조직의 러플 활용 니트 점프수트 전면.
김현영 作

그림 242
하프카디건 조직의 러플 활용 니트 점프수트 디테일,
김현영 作

5. 다양한 조직의 변화 활용 니트 원피스

- **원사** 울 중세사
- **게이지** 3GG
- **조직** 링스 앤 링스 변화 조직, 케이블과 레이스 조직의 변화 조직, 리브 조직의 변화 조직 등 12개 조직 활용
- **제작 방법** 풀패셔닝
- **아이템** 니트 원피스
- **색채** 밝은 브라운, 진한 브라운

본 니트 원피스는 링스 앤 링스 조직과 레이스 조직, 리브 조직 등 12개의 니트 조직이 활용된 디자인이다. 상의 부분은 볼륨 있는 원피스 스타일에 스커트 부분은 리브 조직과 레이스 변형 조직을 활용하여 바디에 부착되는 디자인으로, 여성스러움과 우아함을 표현하였다. 원사는 슈퍼워시 가공의 울 100%의 중세사를 사용하였으며, 기본 스트레이트 원사는 조직의 표면이 잘 보이게 나타나서 니트의 조직을 표현하기에 적합하다. 디자인은 앞뒤판의 색상을 연한 브라운과 진한 브라운 컬러로 다르게 적용하여 큰 변화를 표현하고자 하였다.

상반신 부분은 가슴 중앙에 레이스 조직과 다양한 링스 앤 링스 조직을 혼합한 조직들을 활용하여 기하학적으로 나누어 12가지 패턴의 조직으로 편직하였다. 중앙에 레이스 조직과 케이블 조직을 활용하여 패턴을 만들었으며, 주변으로 다양한 링스 앤 링스 조직으로 구획을 나누어 다양하게 편직하여 변화를 주었다. 앞판의 스커트 부분은 리브 조직과 레이스 조직을 융합하여 신축성 있는 조직으로 활용하여 바디에 밀착되는 디자인으로 표현하였다. 뒤판은 상반신 부분은 중심을 나누어 트임을 주어 디자인하였으며, 상반신 전체는 레이스 기본 조직을 적용하였고 중심의 끝 부분운 말리지 않도록 링스 앤 링스 조직을 활용하였다. 뒤판의 스커트 부분은 2×1 리브조직으로 타이트한 스커트 형태를 나타내고자 하였다. 소매도 리브 조직과 레이스 조직을 혼합하여 길이가 길게 디자인하였다.

SAMPLE 작업지시서

결재	담당	팀장		

의뢰일	20○○년 ○○월 ○○일	원사	Wool 2/17s'
완성일	20○○년 ○○월 ○○일	게이지/조직	3GG/변형 조직
BRAND	LYH	편직처	
STYLE NO	005-변화 조직 니트원피스	제품중량	

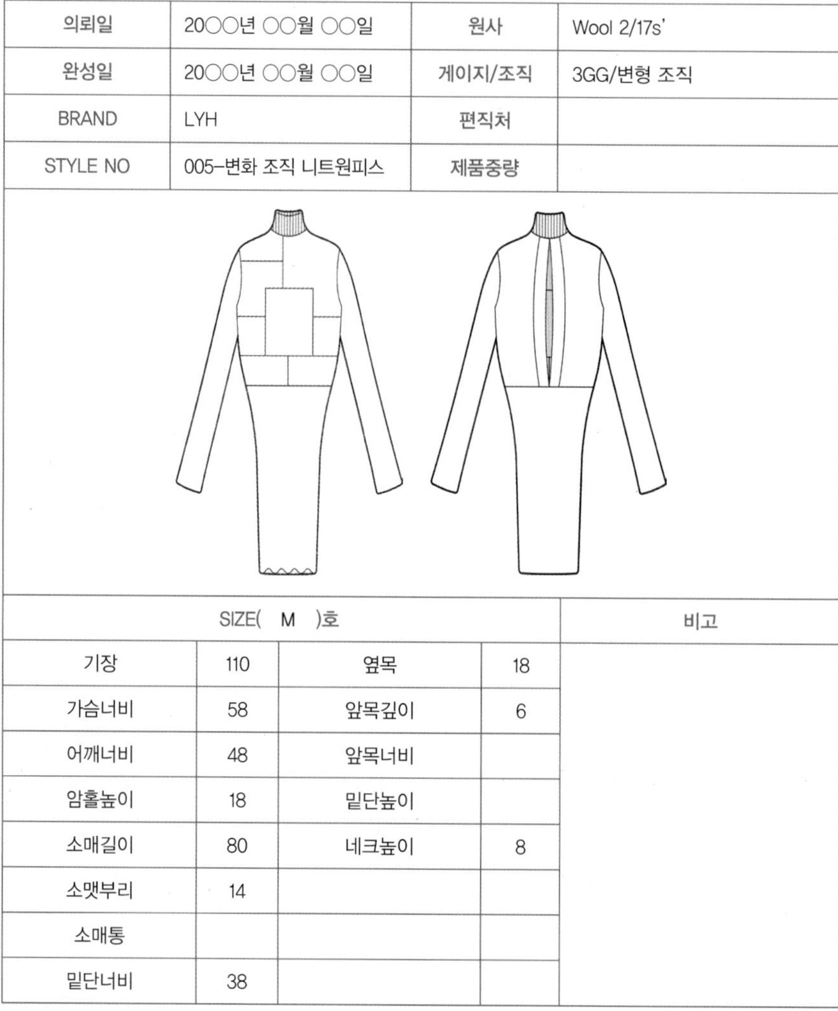

SIZE(M)호				비고
기장	110	옆목	18	
가슴너비	58	앞목깊이	6	
어깨너비	48	앞목너비		
암홀높이	18	밑단높이		
소매길이	80	네크높이	8	
소맷부리	14			
소매통				
밑단너비	38			

그림 243
다양한 조직의 변화 활용 니트 원피스 작업지시서

그림 244
다양한 조직의 변화 활용 니트 원피스 전면

그림 245
다양한 조직의 변화 활용 니트 원피스 후면

그림 246
다양한 조직의 변화 활용 니트 원피스 옆면

6. 케이블 조직 활용 니트 원피스

- **원사** 울 중세사
- **게이지** 3GG
- **조직** 다양한 케이블 조직의 변화 조직
- **제작 방법** 셰이핑
- **아이템** 니트 원피스
- **색채** 아이보리, 블랙

본 디자인은 전통 북유럽 아란 니트를 활용한 여성 니트 원피스이다. 전통 아란 니트는 남성들이 바다에 나가 일할 때 착용했던 스웨터로, 케이블 조직은 기본으로 건강과 행운을 기원하는 여성들의 마음을 담은 니트 스웨터이다. 본 디자인은 이러한 아란 니트를 여성용 롱 니트 원피스로 제안하였다. 어부들의 그물, 밧줄, 행운과 다산 등을 상징하는 교차뜨기 케이블 조직으로 전체 앞몸판의 바디를 구성하였다.

아란 니트는 아이보리색을 주조색으로 뒤판에는 상의 길이의 짧은 디자인으로 전개하여 플로팅 자카드 기법을 활용하여 흑백의 바둑판 무늬로 디자인하였고, 기존의 니트 스웨터 개념을 벗어나 현대적 디자인으로 전개하였다.

SAMPLE 작업지시서

결재	담당	팀장		

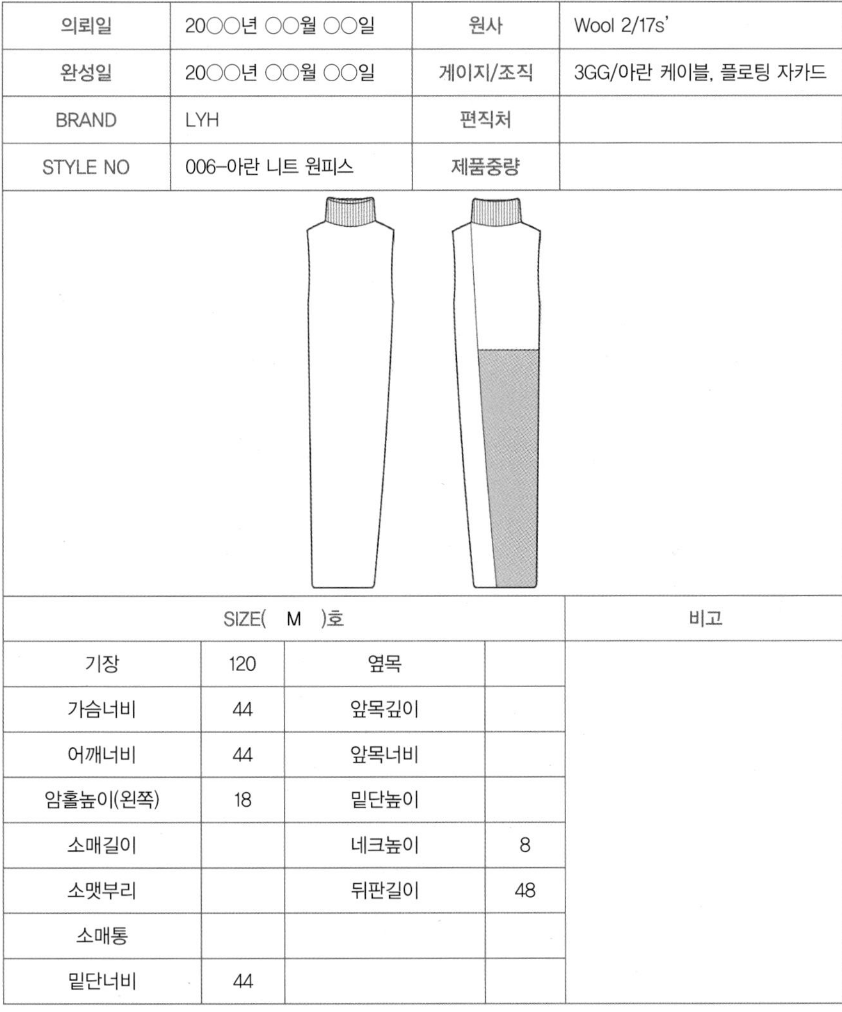

의뢰일	20○○년 ○○월 ○○일	원사	Wool 2/17s'
완성일	20○○년 ○○월 ○○일	게이지/조직	3GG/아란 케이블, 플로팅 자카드
BRAND	LYH	편직처	
STYLE NO	006-아란 니트 원피스	제품중량	

SIZE(M)호				비고
기장	120	옆목		
가슴너비	44	앞목깊이		
어깨너비	44	앞목너비		
암홀높이(왼쪽)	18	밑단높이		
소매길이		네크높이	8	
소맷부리		뒤판길이	48	
소매통				
밑단너비	44			

그림 247

케이블 조직 활용 니트 원피스 작업지시서

그림 248
케이블 조직 활용 니트 원피스 전면

그림 249
케이블 조직 활용 니트 원피스 후면(플로팅 자카드)

7. 케이블 조직 활용 가변형 니트 원피스

- **원사** 울 태사
- **게이지** 3GG
- **조직** 아란 케이블 조직
- **제작 방법** 풀패셔닝
- **아이템** 니트 원피스
- **색채** 코코아 브라운

본 디자인은 지퍼를 활용하여 가변성을 활용한 니트 디자인으로, 북유럽 전통 문양인 아란 문양의 케이블 조직을 활용한 니트 원피스 디자인이다. 알파카 원사가 혼용되어 헤어리한 코코아 브라운 색상의 울 태사를 사용하였다. 앞 중심에는 케이블 문양을 크게 활용하여 집중시켰으며, 옆선 쪽은 생명의 나무와 방울 문양을 넣어 전체적으로 니트 조직을 강약 조절하여 나타내었다.

힙 부분에 가로 지퍼 처리를 하여 지퍼를 연결해 닫고 착용했을 시에는 소매가 있는 것처럼 리브 조직으로 소매 형태를 만들어 손이 나올 수 있게 하였으며, 지퍼를 열고 분리해 착용 시 상의는 케이프 디자인으로 단독 착용할 수 있다. 하의는 위아래를 바꾸어 케이프 형태로, 톱원피스 형태로, 스커트로 착용할 수 있다. 케이블 조직의 칼라 역시 지퍼를 분리하여 단독 아이템으로 넥 워머 또는 터번 형태의 모자로도 착용할 수 있는 가변형 니트 디자인이다.

SAMPLE 작업지시서

결재	담당	팀장		

의뢰일	20○○년 ○○월 ○○일	원사	울/알파카 30/70 2/17s'
완성일	20○○년 ○○월 ○○일	게이지/조직	3GG/아란 케이블
BRAND	LYH	편직처	
STYLE NO	007-가변형 니트 원피스	제품중량	

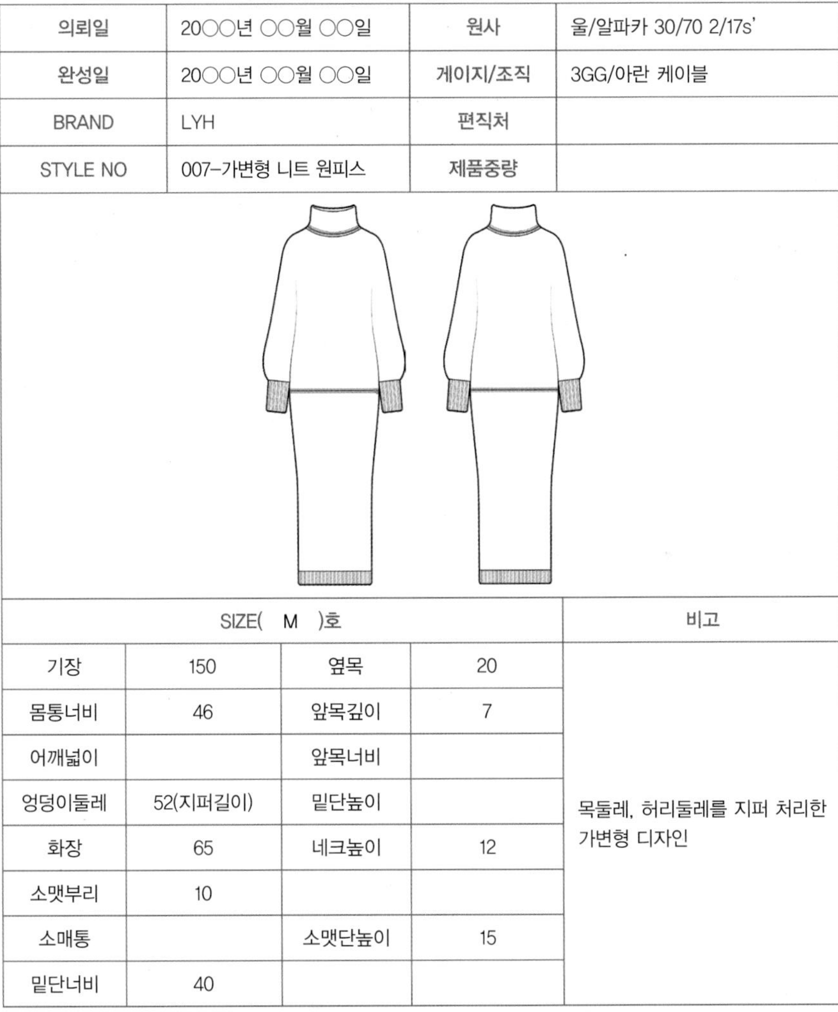

SIZE(M)호				비고
기장	150	옆목	20	목둘레, 허리둘레를 지퍼 처리한 가변형 디자인
몸통너비	46	앞목깊이	7	
어깨넓이		앞목너비		
엉덩이둘레	52(지퍼길이)	밑단높이		
화장	65	네크높이	12	
소맷부리	10			
소매통		소맷단높이	15	
밑단너비	40			

그림 250
케이블 조직 활용 가변형 니트 원피스 작업지시서

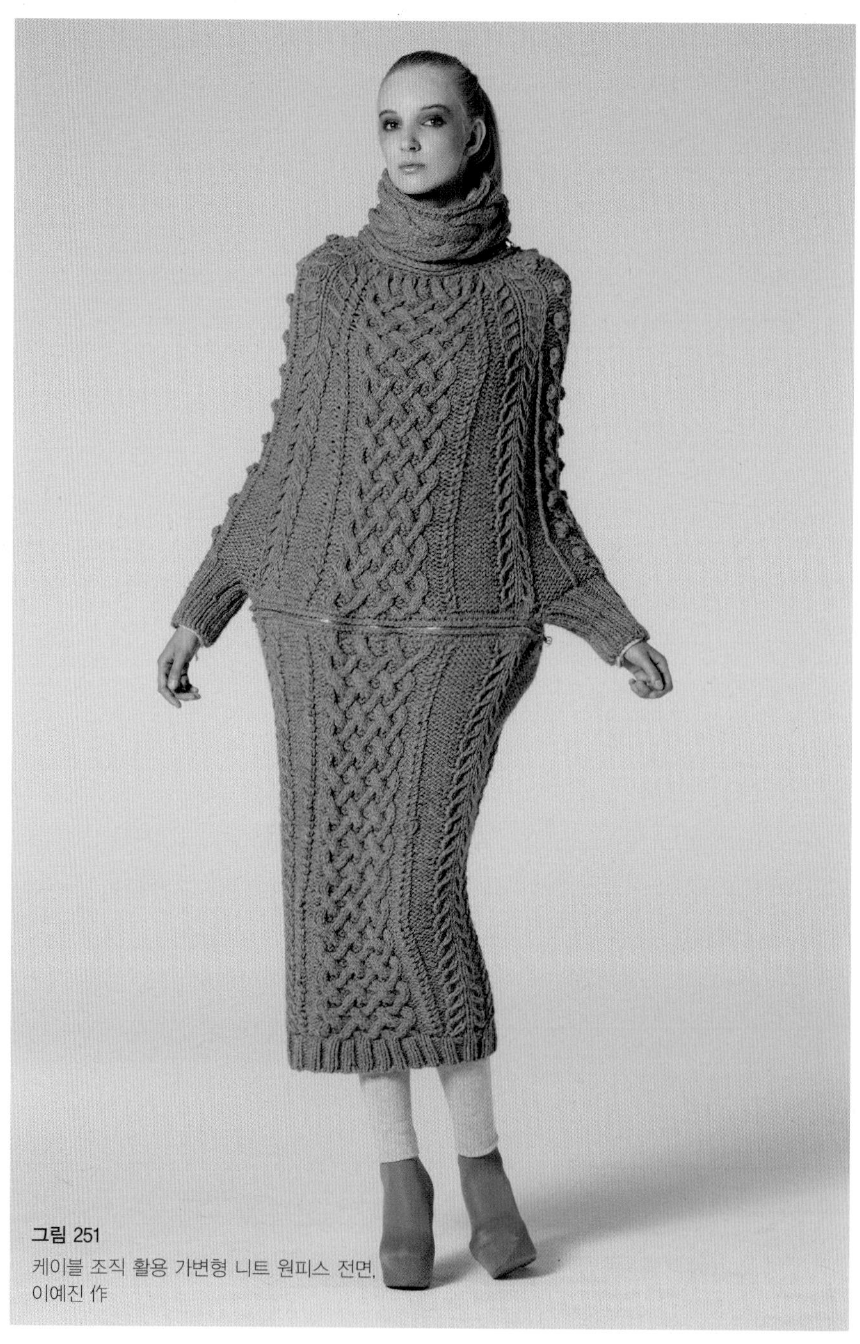

그림 251
케이블 조직 활용 가변형 니트 원피스 전면,
이예진 作

그림 252
케이블 조직 활용 가변형 니트 원피스-투피스 변형 디자인,
이예진 作

8. 컬러 배색 활용 페어아일 플로팅 자카드 니트 원피스

- **원사** 알파카 모(알파카 20/울 70/나일론 10)
- **게이지** 벌키형 3GG
- **조직** 페어아일 플로팅 자카드 조직
- **제작 방법** 셰이핑
- **아이템** 니트 원피스
- **색채** 아이보리, 진베이지, 브라운

현대 패션 컬렉션에 북유럽 전통 페어아일 패턴은 아란 니트의 케이블 조직과 같이 지속적으로 등장하는 패턴으로 주로 남성복에 활용되고 있다. 본 디자인은 페어아일 패턴을 여성복에 적용하여 컬러 자카드 조직을 활용한 니트 조직의 다양한 활용성을 표현한 박시형 니트 원피스 디자인이다. 페어아일 니트 조직은 뒷면이 플로팅 조직으로 나타나며 스트라이프 형태의 2도 색상으로 편직된다. 최근 컬렉션에 나타나는 페어아일 활용 디자인은 주로 뒷면을 겉면으로 활용하여 원사가 가로로 생성되는 텍스처를 활용한 디자인이 많이 나타나고 있다. 본 디자인의 원피스도 페어아일 조직의 겉면과 뒷면을 대비시켜 동시에 나타낸 디자인으로 변화를 주었다.

원사는 울 태사로 3게이지용 편직을 핸드 니트로 진행하였으며, 실제 완성 작품은 2게이지 정도의 굵은 게이지 느낌으로 표현되었다. 앞면과 뒷면 모두 3 : 1 정도의 사이즈로 배분하여 한쪽은 플레인 겉면으로, 한쪽은 리버스 뒷면의 텍스처를 활용한 디자인으로 적용하였다. 겉면과 뒷면의 각 두 개의 몸판 조각에 길이의 차이를 주었으며, 원사의 텍스처와 어울릴 수 있도록 겉면과 안쪽의 이음선 경계에 수술을 달아 변화를 주었다. 소매에도 2단으로 수술 트리밍으로 장식하였다.

SAMPLE 작업지시서

결재	담당	팀장		

의뢰일	20○○년 ○○월 ○○일	원사	울/알파카 30/70 2/17s'
완성일	20○○년 ○○월 ○○일	게이지/조직	3GG/플로팅 자카드
BRAND	LYH	편직처	
STYLE NO	008-페어아일 니트 원피스	제품중량	

SIZE(M)호				비고
기장	100	옆목	20	• 원피스 몸판 플레인과 리버스 두 쪽으로 편직 후 연결 • 이음선, 소매, 니트 수술 플랜지 처리
가슴너비	60	앞목깊이	9	
어깨너비	56	앞목너비		
암홀높이	22	밑단높이		
소매길이	54	네크높이	22	
소맷부리	11			
소매통				
밑단너비	60			

그림 253
페어아일 플로팅 자카드 니트 원피스 작업지시서

그림 254
페어아일 플로팅 자카드 니트 원피스 전면

그림 255
페어아일 플로팅 자카드
니트 원피스 후면

그림 256
페어아일 플로팅 자카드 니트
원피스 디테일

9. 라트비아 문양 튜뷸러 자카드 니트 후드 코트

- **원사** 램스울, 울
- **게이지** 7GG
- **조직** 튜뷸러 자카드
- **제작 방법** 컷 앤 링킹
- **아이템** 니트 후드 코트
- **색채** 그레이, 베이지, 오렌지

본 후드 코트는 컬러 자카드의 튜뷸러 자카드 조직을 활용한 배색 니트 후드 코트 디자인으로, 심플한 사각형으로 편직하고 제작하였다. 튜뷸러 자카드는 자카드 조직 중, 중량이 많이 나가는 조직으로 겨울철 니트 조직에 적합하다. 특히 튜뷸러 자카드는 리버시블로 양면을 모두 활용할 수 있는 디자인으로 전개가 가능하다. 본 작품도 그레이와 밝은 베이지의 램스울과 슈퍼워시울(100%) 원사의 2도 색상으로 7게이지의 튜뷸러 조직으로 편직하였다. 문양 패턴은 전통 문양의 종류로 라트비아(Latvia) 전통 장갑의 문양을 응용하였다. 후드가 달린 망토형 코트 디자인으로 겉 또는 안쪽 면으로도 착용이 가능한 리버시블 니트 코트 디자인이다. 밑단, 소맷단, 앞단은 오렌지 색상으로 스트라이프의 배색 처리를 하여 경쾌함을 더하고자 하였다.

제작 방법은 자카드 편직에 주로 활용하는 컷 앤 링킹 방법을 적용하였다. 재단 시 로스를 최소화하기도 하며 편안한 실루엣을 위하여 사각형의 박시형 망토 코트로 디자인하였다. 사각형의 편직에 목선과 후드의 위쪽 부분 일부만 재단하였으며, 어깨 링킹 봉제 후 손목 부분에 스트라이프 패턴으로 신축성 있는 2×2 리브 조직을 적용하였다. 리버시블 착용을 위하여 안쪽 시접 부분을 리본 테이프로 처리하여 리버시블 디자인으로 착용할 수 있도록 제작하였다.

SAMPLE 작업지시서

결재	담당	팀장		

의뢰일	20○○년 ○○월 ○○일	원사	Wool 2/52s', Lambs Wool
완성일	20○○년 ○○월 ○○일	게이지/조직	7GG / 튜뷸러 자카드
BRAND	LYH	편직처	
STYLE NO	009-리버시블 후드 코트	제품중량	

SIZE(M)호				비고
기장	115	옆목		사이즈 앞뒤 동일
가슴너비	106	앞목깊이		
어깨너비	106	앞목너비		
암홀높이		밑단높이		
소매길이	20(리브단길이)	네크높이		
소맷부리	10	앞단	5	
소매통		후드높이	30	
밑단너비	106	후드폭	24	

그림 257
튜뷸러 자카드 기법 활용 니트 후드 코트 작업지시서

그림 258
튜뷸러 자카드 기법 활용 니트 후드 코트 전면-1

그림 259
튜뷸러 자카드 기법 활용 니트 후드 코트 전면-2

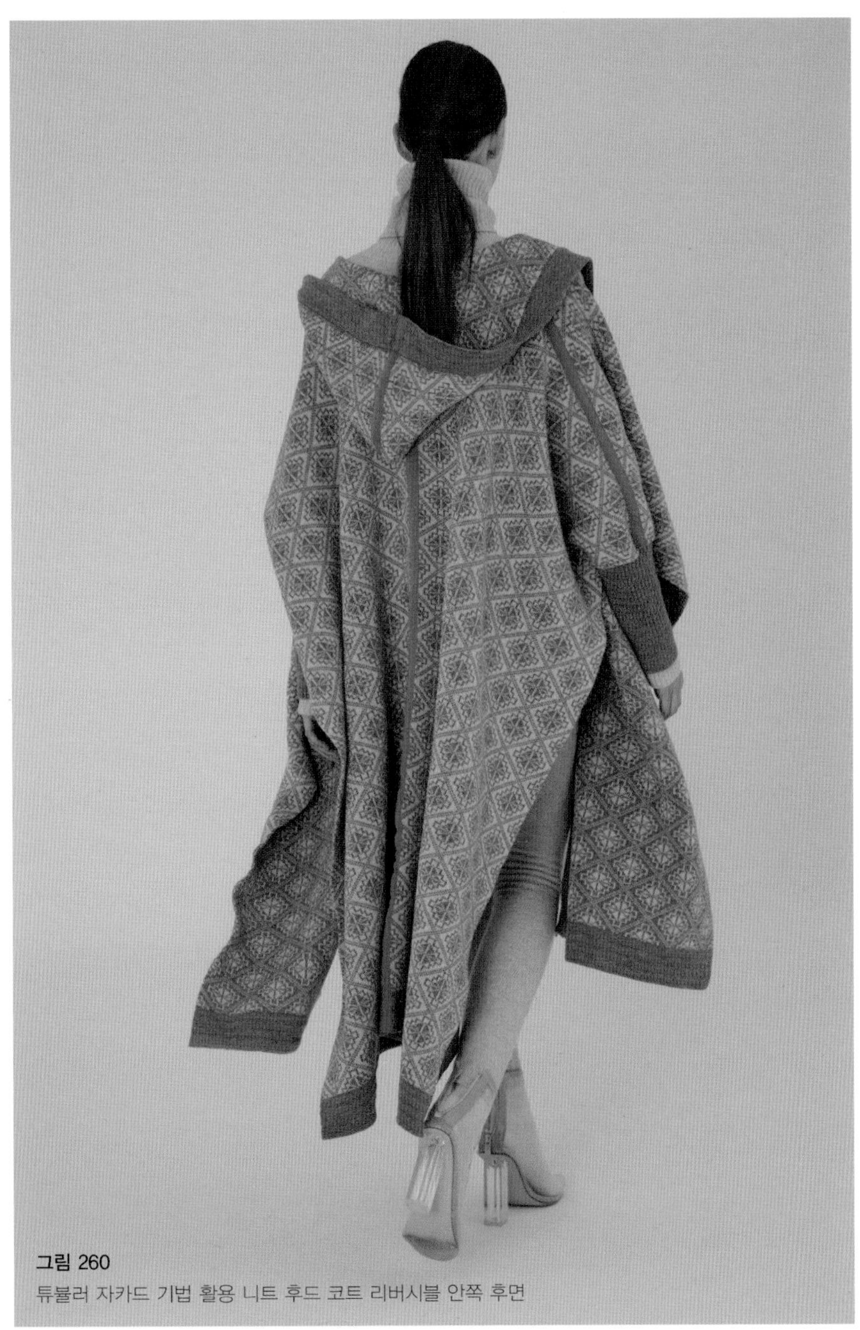

그림 260
튜뷸러 자카드 기법 활용 니트 후드 코트 리버시블 안쪽 후면

10. 페어아일 튜뷸러 자카드 니트 베스트

- **원사** 램스울, 울
- **게이지** 7GG
- **조직** 튜뷸러 자카드
- **제작 방법** 컷 앤 링킹
- **아이템** 니트 코트
- **색채** 화이트, 베이지, 그린, 브라운, 카키

본 디자인은 북유럽 전통 문양 페어아일 문양을 활용한 니트 코트 디자인이다. 소재는 램스울 원사 6가지 색상을 사용하여 페어아일 문양을 수평 줄 형식의 반복 배열 형태로 7GG의 튜뷸러 자카드로 편직하였다. 지퍼를 활용한 가변형 니트 디자인이다.

양쪽 옆선에 지퍼를 사용하였는데 한쪽은 리브 조직 전까지, 한쪽 옆선은 리브 조직까지 지퍼를 사용하여 지퍼 개폐 시에 따라 팔을 넣거나 빼서 자유롭게 활동할 수 있으며, 지퍼를 리브 조직 전까지 열고 네크 부분만 고정된 상태에서 머플러 형식으로도 두를 수 있게도 하였다. 네크 쪽의 리브 조직은 베이지 컬러에 초록색으로 포인트를 주어 산뜻하게 표현하였다. 또한 옆선을 앞 중심 쪽으로 착용하면 스탠드 칼라 형식의 코트 형태로 착용할 수 있고, 허리선까지 내리면 스커트로, 가슴까지 올리면 원피스로 착용이 가능하다.

SAMPLE 작업지시서

결재	담당	팀장		

의뢰일	20○○년 ○○월 ○○일	원사	Lambs Wool 80/20 1/17s'
완성일	20○○년 ○○월 ○○일	게이지/조직	7GG/튜뷸러 자카드
BRAND	LYH	편직처	
STYLE NO	010-가변형 리버시블 베스트	제품중량	

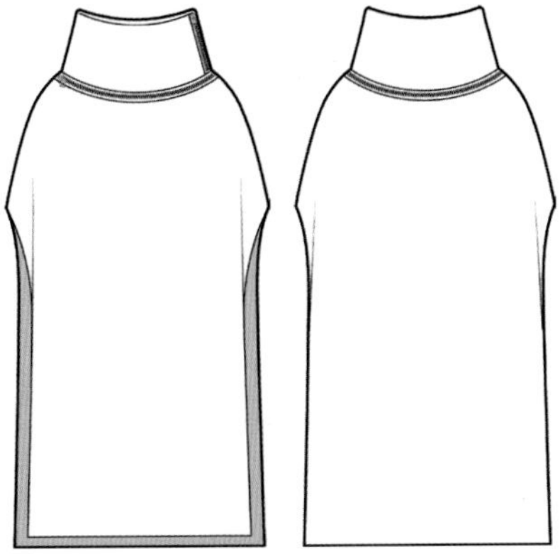

SIZE(M)호				비고
기장	74	옆목	34	지퍼 활용 가변형 디자인
가슴너비	68	앞목깊이		
어깨너비	68	앞목너비		
암홀높이		밑단높이		
소매길이		네크높이	26	
소맷부리				
소매통				
밑단너비	74			

그림 261

튜뷸러 자카드 활용 니트 베스트 작업지시서

그림 262
튜뷸러 자카드 활용 니트 베스트 전면,
이예진 作

그림 263
튜뷸러 자카드 활용 니트 베스트 디테일.
이예진 作

11. 노르딕 튜뷸러 자카드 후드형 니트 원피스

- **원사** 램스울
- **게이지** 7GG
- **조직** 튜뷸러 자카드
- **제작 방법** 컷 앤 링킹
- **아이템** 니트 코트
- **색채** 베이지, 그린, 브라운, 카키

본 디자인은 북유럽 전통 문양 중 노르딕 문양을 응용한 후드형 니트 원피스 디자인이다. 그린과 베이지 색상의 방모 램스울 원사를 사용하여 튜뷸러 자카드 5GG의 양면 조직으로 편직하였다. 전체적인 풍성한 실루엣에 옆선을 어깨선까지만 재봉하고 그 아랫부분은 지퍼로 디자인하여 트임과 여밈을 할 수 있도록 하였다. 옆선 한쪽과 밑단 쪽에는 리브 조직을 사용하였으며, 밑단은 사선으로 재단하였다.

노르딕 문양 중 순록의 문양을 앞모습과 뒷모습으로 이어지도록 디자인하고 순록의 문양을 기존의 노르딕 디자인과 다르게 크게 배열하여 추상적인 느낌을 주었다. 리버시블의 시각적 효과로는 한쪽 면은 그린 바탕에 순록으로 베이지의 색상을 사용하고, 다른 면은 베이지 바탕에 그린으로 순록을 넣어주었다. 패스닝 시스템의 개폐 및 탈부착 방식을 사용하여 옆선은 개폐할 수 있으며, 후드와 리브 조직의 넥 워머는 탈부착이 가능하다. 이 두 가지는 한번에 활용할 수 있으며, 각각의 아이템으로도 호환 가능하다. 가변성의 유형 중 아이템의 전환과 착장 방식 전환에 의한 리버시블 효과를 표현하였다.

SAMPLE 작업지시서

결재	담당	팀장		

의뢰일	20○○년 ○○월 ○○일	원사	Lambs Wool 80/20 1/17s'
완성일	20○○년 ○○월 ○○일	게이지/조직	5GG/튜뷸러 자카드
BRAND	LYH	편직처	
STYLE NO	011-가변형 후드 니트 원피스	제품중량	

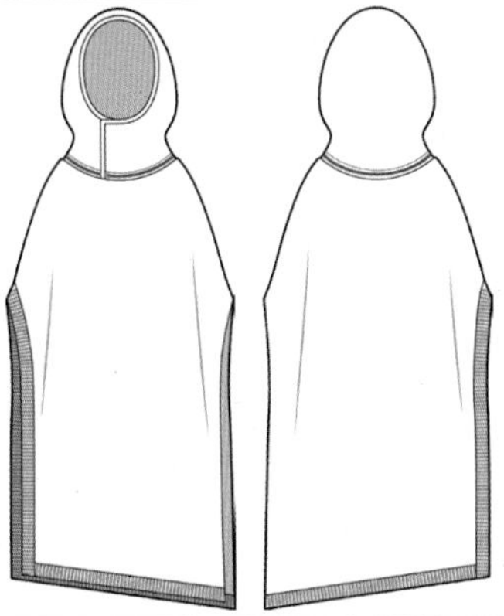

SIZE(M)호				비고
기장	150	옆목	28	지퍼 활용 가변형 디자인
가슴너비	60	앞목깊이	10	
어깨너비	60	앞목너비		
암홀높이		밑단높이		
소매길이		네크높이		
소맷부리		후드높이	50	
소매통		후드너비	28	
밑단너비	60			

그림 264
튜뷸러 자카드 활용 후드형 니트 원피스 작업지시서

그림 265
튜뷸러 자카드 활용 후드형 니트 원피스 전면.
이예진 作

그림 266
튜뷸러 자카드 활용 후드형 니트 원피스 리버시블 전면,
이예진 作

그림 267
튜블러 자카드 활용 후드형 니트 원피스 디테일,
이예진 作

12. 인타시아 기법 활용 니트 원피스

- **원사** 울/아크릴: 50/50
- **게이지** 10GG
- **조직** 링스 앤 링스, 인타시아 + 패치워크
- **제작 방법** 컷 앤 링킹
- **아이템** 니트 원피스
- **색채** 진베이지, 연베이지, 노란베이지

본 니트 원피스는 가우디가 설계한 건축물인 '카사 바트요(Casa Batlló)' 굴뚝에 나타낸 문양을 활용한 디자인이다. 디자인과 실루엣은 심플하며 니트의 조직은 깨진 타일의 느낌을 나타내고자 링스 앤 링스 조직을 활용하여 카사 바트요에 나타난 문양을 인타시아 기법을 혼합한 편직 기법을 활용하여 표현한 작품이다.

밝고 따뜻한 느낌을 주기 위해 연베이지와 밝은 노란베이지를 사용하였다. 아르누보 느낌의 라인을 원단 바이어스 테이프로 패치워크로 작업하였으며, 바이어스 테이프 제작은 수공예적으로 바이어스 메이커 기구를 활용하여 디테일을 표현하였다.

SAMPLE 작업지시서

결재	담당	팀장		

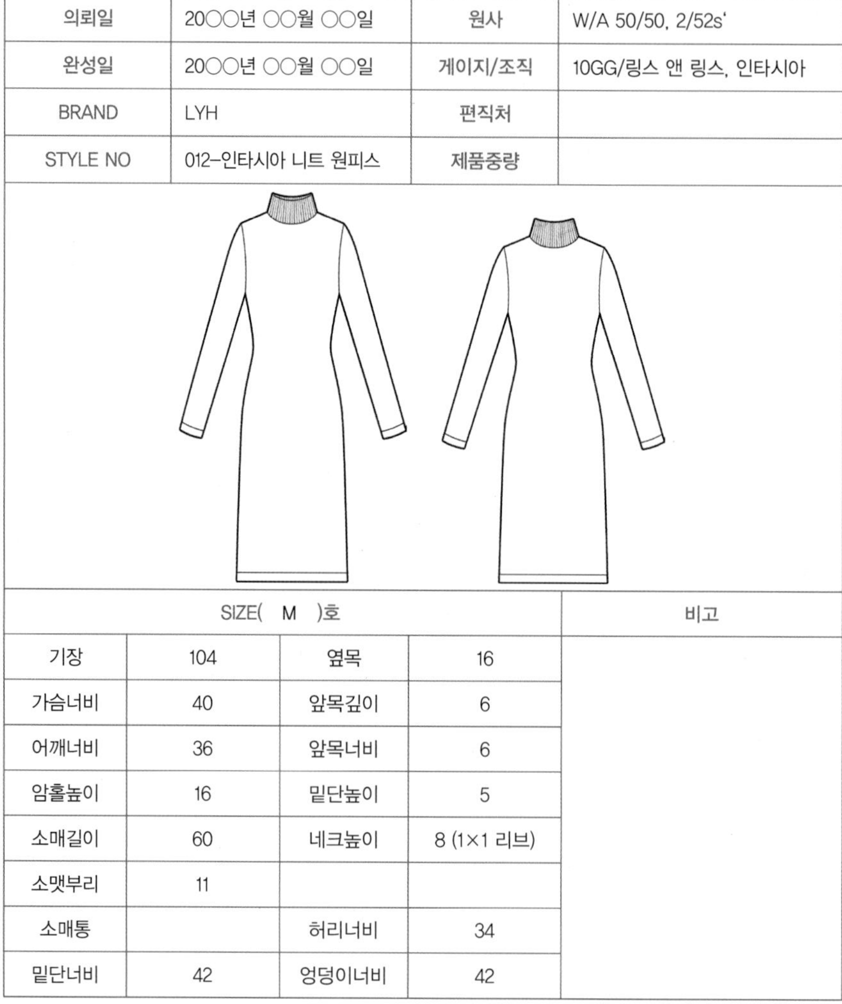

의뢰일	20○○년 ○○월 ○○일	원사	W/A 50/50, 2/52s'
완성일	20○○년 ○○월 ○○일	게이지/조직	10GG/링스 앤 링스, 인타시아
BRAND	LYH	편직처	
STYLE NO	012-인타시아 니트 원피스	제품중량	

SIZE(M)호				비고
기장	104	옆목	16	
가슴너비	40	앞목깊이	6	
어깨너비	36	앞목너비	6	
암홀높이	16	밑단높이	5	
소매길이	60	네크높이	8 (1×1 리브)	
소맷부리	11			
소매통		허리너비	34	
밑단너비	42	엉덩이너비	42	

그림 268
인타시아 기법 활용 니트 원피스 작업지시서

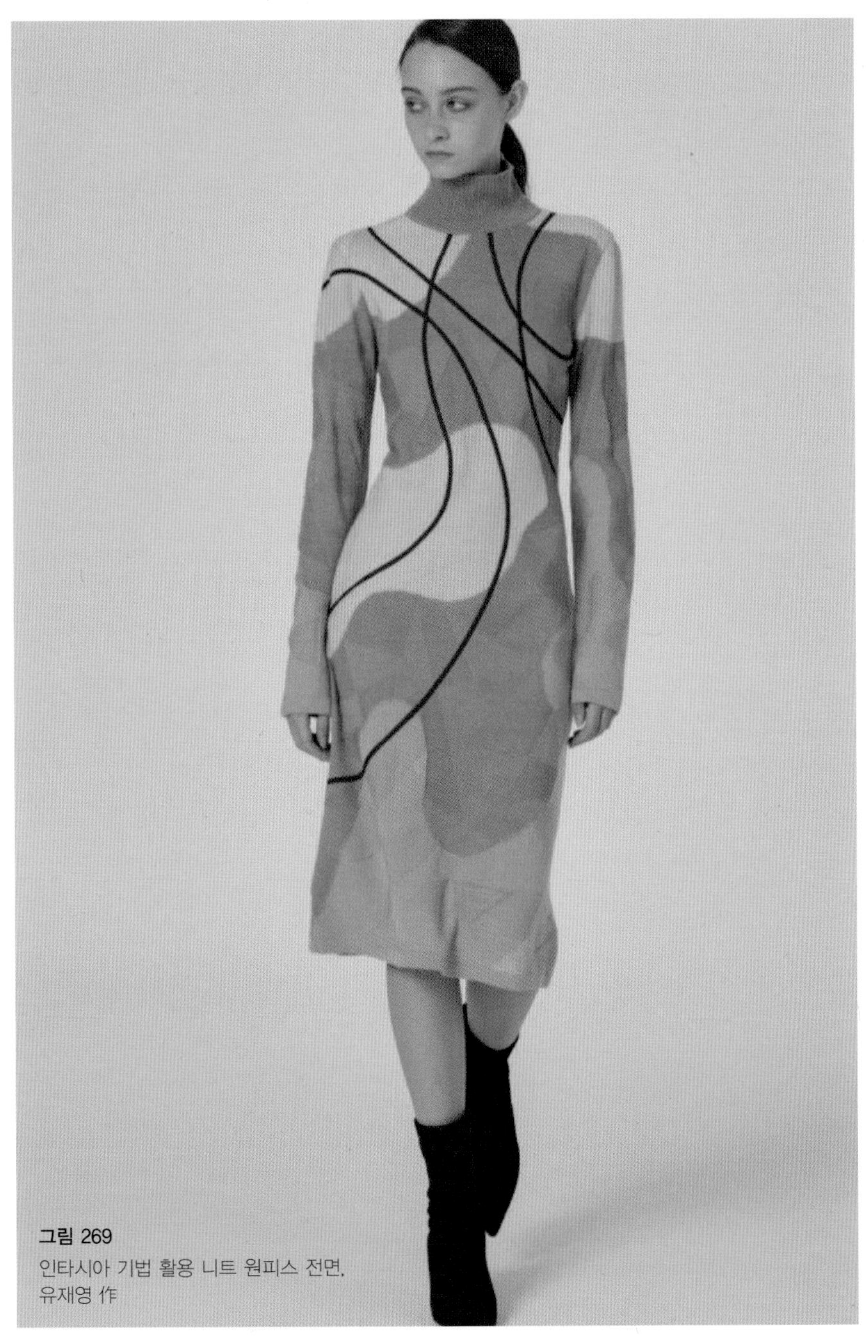
그림 269
인타시아 기법 활용 니트 원피스 전면.
유재영 作

그림 270
인타시아 기법 활용 니트 원피스 후면,
유재영 作

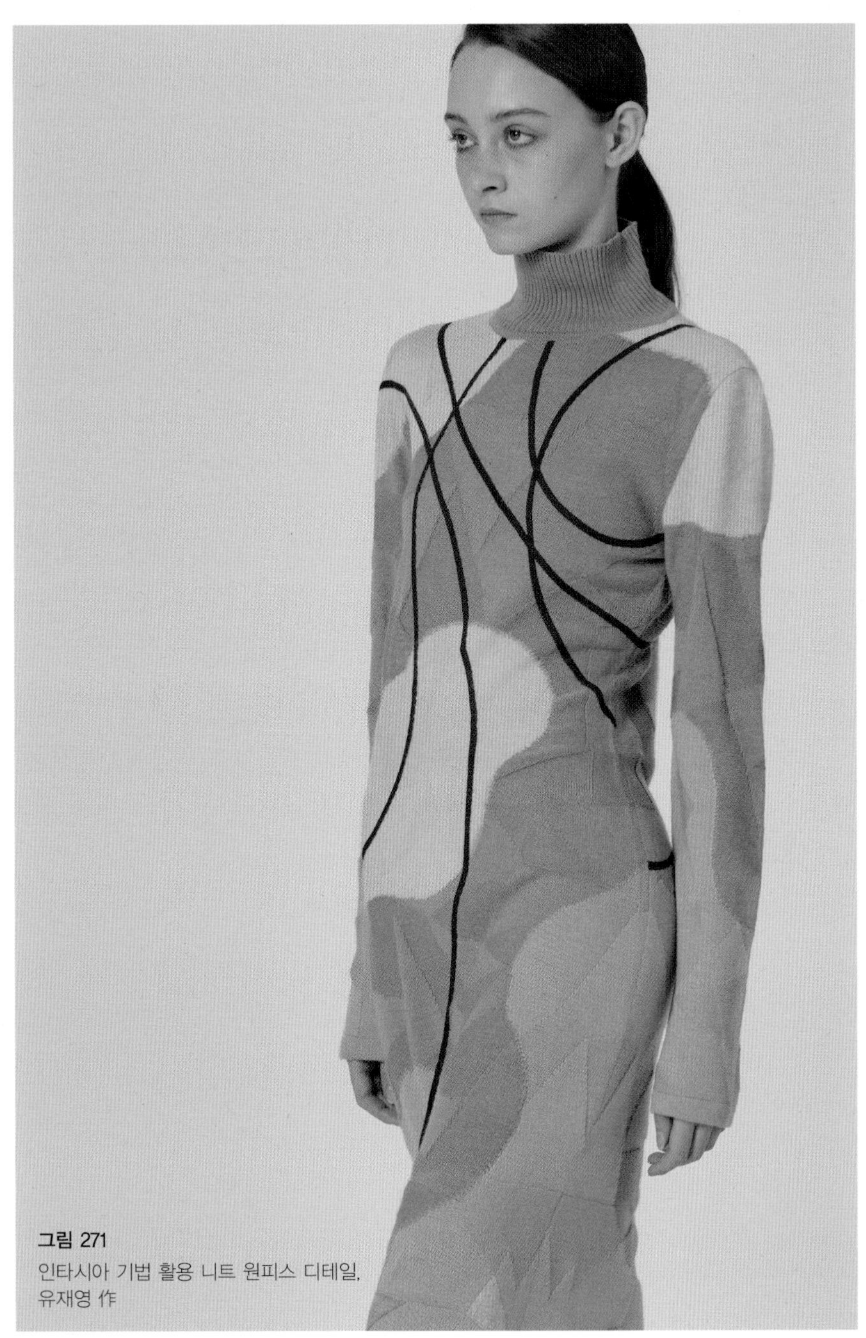

그림 271
인타시아 기법 활용 니트 원피스 디테일,
유재영 作

13. 인타시아 기법 활용 박시형 니트 원피스

- **원사** 울/아크릴: 50/50
- **게이지** 10GG
- **조직** 링스 앤 링스, 인타시아 조직 + 패치워크, 플레인 조직
- **제작 방법** 컷 앤 링킹
- **아이템** 루즈 핏의 미니 니트 원피스
- **색채** 오렌지, 블루, 네이비, 노랑, 연그린

가우디의 '구엘 공원'에서 보여지는 트랜카디스 기법을 니트 패션 디자인으로 활용하여 루즈 핏의 짧은 원피스 디자인으로 제작하였다. 구엘 공원의 트랜카디스 장식의 이구아나 형상의 분수 표면을 덮고 있는 강렬한 컬러의 깨진 타일에서 모티프를 찾아 재구성하여 원피스 디자인에 활용하였다.

니트의 조직은 깨진 타일의 느낌을 나타내기 위해 10GG 링스 조직과 인타시아 기법을 적용하였다. 니트의 문양은 이구아나의 트랜카디스 장식에 나타난 오렌지, 블루, 네이비, 노랑, 연그린 컬러를 적용하였다. 그리고 니트 원단 위에 깨진 타일의 느낌을 더욱 강조하기 위해, 니트 원단에서 사용한 컬러를 바탕으로 면과 모직 등을 이용하여 아플리케 패치워크를 진행하였다.

SAMPLE 작업지시서

결재	담당	팀장		

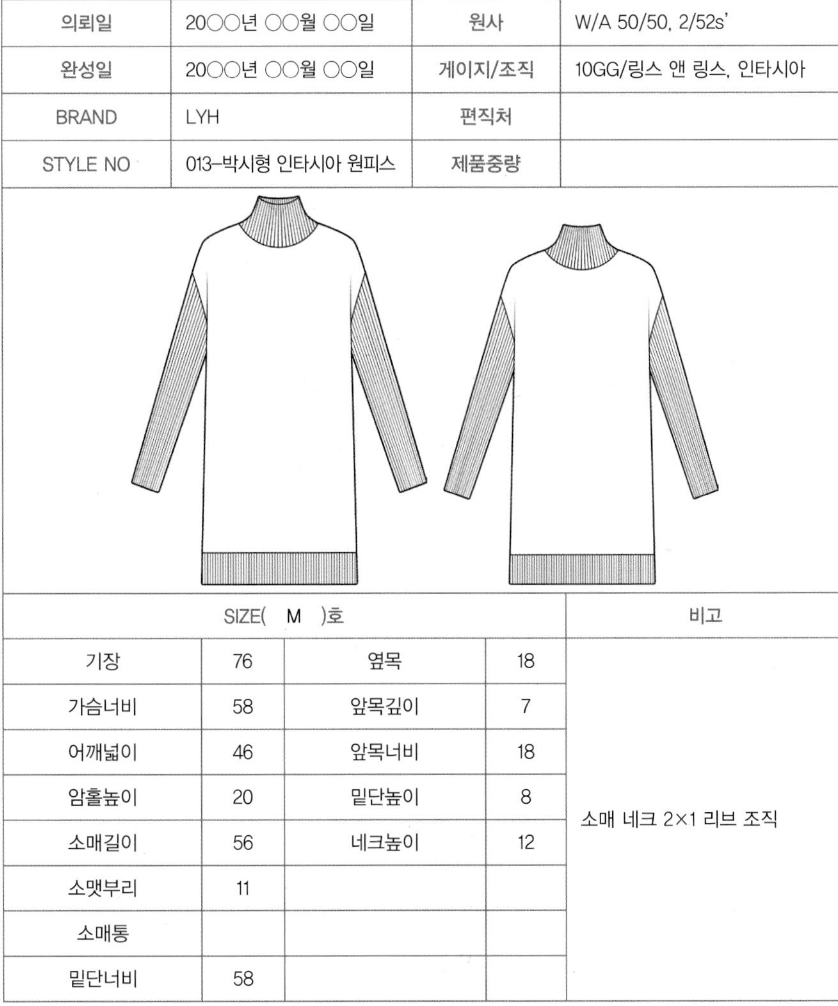

의뢰일	20○○년 ○○월 ○○일	원사	W/A 50/50, 2/52s'
완성일	20○○년 ○○월 ○○일	게이지/조직	10GG/링스 앤 링스, 인타시아
BRAND	LYH	편직처	
STYLE NO	013-박시형 인타시아 원피스	제품중량	

SIZE(M)호				비고
기장	76	옆목	18	소매 네크 2×1 리브 조직
가슴너비	58	앞목깊이	7	
어깨넓이	46	앞목너비	18	
암홀높이	20	밑단높이	8	
소매길이	56	네크높이	12	
소맷부리	11			
소매통				
밑단너비	58			

그림 272

인타시아 기법 활용 박시형 니트 원피스 작업지시서

그림 273
인타시아 기법 활용 박시형 니트 원피스 전면,
유재영 作

그림 274
인타시아 기법 활용
박시형 니트 원피스 후면,
유재영 作

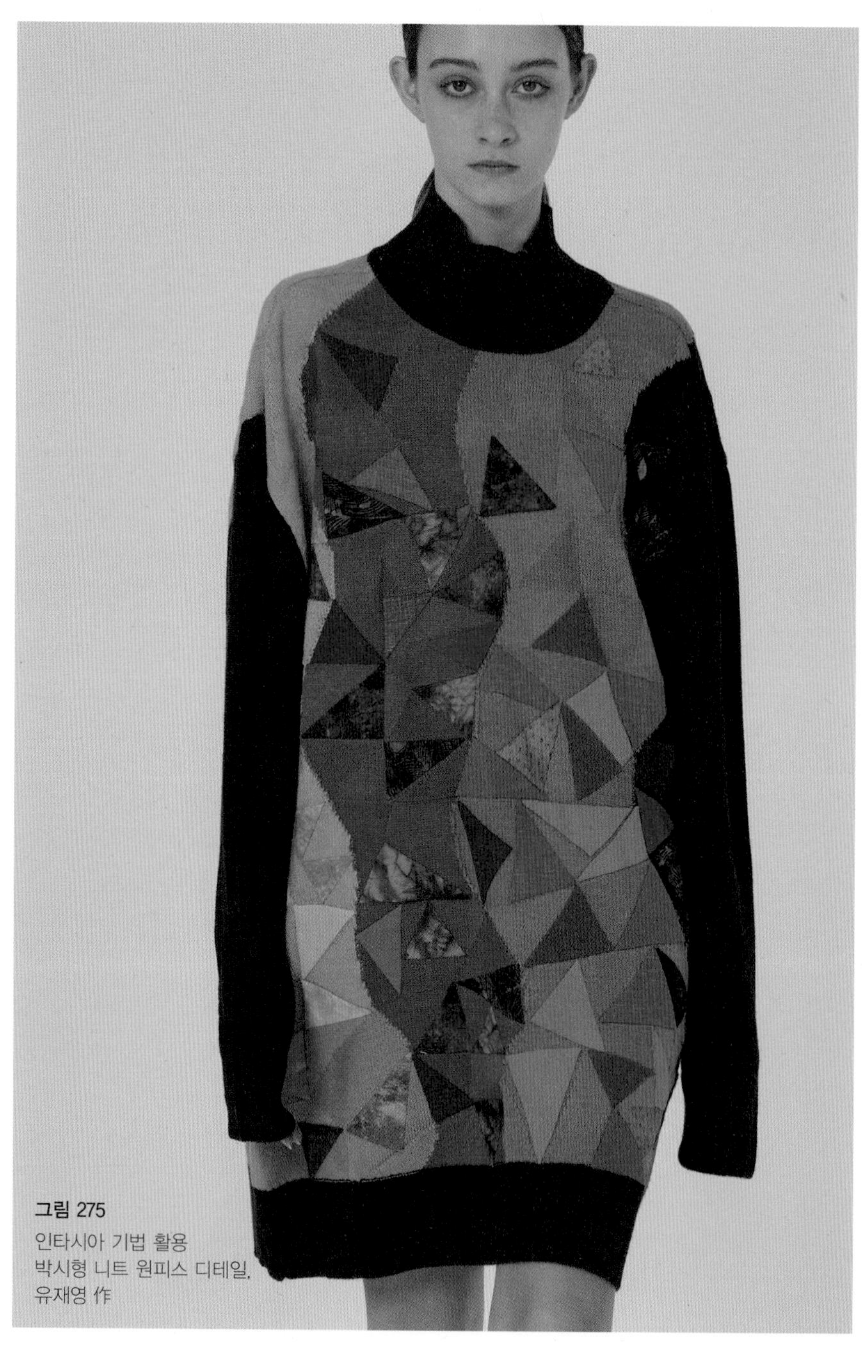

그림 275
인타시아 기법 활용
박시형 니트 원피스 디테일,
유재영 作

KNIT FASHION DESIGN

참고문헌

권진 (2005). 현대 니트웨어의 니트 기법 특성에 관한 연구. 세종대학교 대학원 박사학위논문.

고순영, 박명자 (2008). 편성 조직에 따른 니트 패턴의 패턴감성 연구. 한국의상디자인학회지, 10(3).

고순영 (2009). 니트 패션 트렌드 구성 요소간 관계 및 주기분석. 한양대학교 대학원 박사학위논문.

김그림 (2007). K. Malevich의 절대주의 회화 작품을 응용한 컴퓨터 니트웨어 디자인 연구. 이화여자대학교 디자인대학원 석사학위논문.

김병철 외 (2009). 섬유기초기술. 서울: 한림원출판사.

김석근 (1995). 메리야스 공학. 서울: 문운당.

김성련 (2000). 제3 개정판 피복재료학. 파주: 교문사.

김현영, 이연희 (2016). 조지아 오키프(Georgia O'Keeffe) 회화의 꽃 이미지를 응용한 니트 패션 디자인. 복식문화연구, 24(2).

김해영, 조규화 (2001). 여성 니트웨어 디자인 연구. 한국패션비즈니스학회지, 5(1).

김혜경 (2010). 패션 트렌드와 이미지. 파주: 교문사.

박기윤, 박명자, 이준형 (2006). 니트용 장식사의 개발 동향과 트렌드 분석. 패션정보와 기술, 3, 39–47.

박문희 (2009). 현대 니트웨어에 나타난 혼합현상. 한양대학교 대학원 박사학위논문.

박문희 (2011). 현대 니트 패션에 나타난 상·하위문화의 혼합 특성. 복식문화연구, 61(4).

박창규 (2004). 의류·패션 산업에서의 3차원 및 디지털 응용기술의 현황. 패션 정보와 기술, 1.

신상옥 (1991). 서양복식문화. 서울: 수학사.

심선영 (2007). 현대 니트 패션에 나타난 장식적 표현 기법의 경향 연구: 2000년–2006년 해외컬렉션 중심으로. 홍익대학교 산업미술대학원 석사학위논문.

송경헌 외 (2003). 의류재료학. 서울: 형설출판사.

어승현 (1999). 크로셰 기법을 응용한 의상디자인 연구: 꽃 모티브를 중심으로. 이화여자대학교 디자인대학원 석사학위논문.

에코융합연구원 (2015). 니트 웨어 시장 동향분석 조사–새로운 소비자 니즈와 마켓 탐색을 통한 전략. 산업통상자원부.

유경민 (2007). 아프리카 직물 문양을 응용한 니트웨어 디자인 연구: 컴퓨터 니트 자카드 조직을 중심으로. 이화여자대학교 디자인대학원 석사학위논문.

유진희, 이연희 (2014). 현대 니트 패션에 나타난 과장성. 복식, 64(8).

윤수진 (2004). 아란 니트 문양에 관한 연구. 한국공예논총, 7(1).

윤정아 (2010). 현대 니트 패션에 표현된 가변적 디자인. 한양대학교 대학원 석사학위논문.

오은경 (2010). 텍스타일 CAD System을 활용한 니트 소재의 외관특성 및 물리적 특성에 관한 연구. 이화여자대학교 대학원 석사학위논문.

이민정, 손희순 (2011). 국내·외 패션교육에 있어서 3D 어패럴 CAD 시스템 활용 사례연구. 한국의류학회지, 35(9).

이선명 (2001). 니트 문양의 상징성에 관한 연구: 피셔맨 스웨터를 중심으로. 한양여자대학논문집, 24.

이선명 (2002). 노르딕 스웨터에 관한 연구. 한국의상디자인학회지, 4(2).

이선명 (2013). 페루 고산지대의 전통 니트에 관한 연구. 패션과 니트, 11(1).

이선희, 이순홍 (2003). 니트 편직 기법에 의한 디자인 연구 - 작품 제작을 중심으로. 복식, 53(1).

이순홍 (1997). 편물. 서울: 수학사.

이순홍, 이선명 (2000). 편물의 역사적 고찰: 유럽의 편물 전통 문양을 중심으로. 복식, 50(7).

이슬아, 이윤미, 이연희 (2015). 니트 CAD시스템의 3D 가상착의 프로그램을 활용한 니트디자인. 복식, 65(1).

이승아 (2009). 니트 CAD 프로그램을 활용한 니트디자인 프로세스 적용 방안. 한양대학교 대학원 석사학위논문.

이승아 (2013). 현대 남성 니트의 알레고리적 표현 특성. 한양대학교 대학원 박사학위논문.

이승아 외 (2010). 니팅기법을 이용한 패션액세서리 디자인. 한국의상디자인학회지, 12(4), 61-73.

이승아, 이연희 (2012). 현대 남성 니트웨어의 디자인 특성: 2001년~2010년 밀라노컬렉션을 중심으로. 복식, 62(4), 91-106.

이윤미 (2003). 우리나라 니트제품 생산업체의 디자인 과정과 디자이너의 제품지식에 관한 연구. 한양대학교 대학원 박사학위논문.

이윤미, 박재옥, 이연희 (2003). 니트 제품 생산업체 디자인·기획 및 생산 현황에 관한 연구. 복식문화연구, 12(2), 300-311.

이윤미 외 (2008). 아란 모티프를 응용한 니트웨어 디자인. 한국의류학회지, 32(12), 1971-1980.

이윤미, 이연희 (2006). 니트제품 시뮬레이션을 위한 SDS-ONE PAINT 기능 활용. 패션정보와 기술, 3, 32-38.

이예진, 이연희 (2016). 북유럽 전통 니트 문양을 활용한 트랜스포머블(Transformable) 니트 디자인 연구. 복식, 66(1), 108-121.

이은영 (2003). 복식디자인론. 파주: 교문사.

이인성, 범서희 (2008). 기계 니트 디자인, 파주: 교문사.

이인숙 (2010). 무봉제 여성 니트웨어 디자인 연구. 이화여자대학교 대학원 박사학위논문.

이주현 (2007). 3차원 가상착의와 실제착의 비교연구. 서울대학교 대학원 석사학위논문.

임안나 (2002). 니트웨어 디자인을 위한 편조직의 특성에 관한 연구. 동덕여자대학교 대학원 석사학위논문.

임영자, 권진 (2004). 조선시대 복식 니트 기법 연구. 복식, 54(1).

적가, 이연희 (2014). 현대 니트 패션디자인에 나타난 키덜트 특성. 패션과 니트, 12(3).

전현옥 (2001). 니트웨어의 변천에 관한 연구. 건국대학교 대학원 석사학위논문.

정애희, 이연희 (2014). 훈데르트바서(Hundertwasser) 회화 작품을 응용한 니트웨어 디자인. 한국의상디자인학회지, 16(2).

정원호 (2007). 조르쥬 브라크의 회화를 응용한 니트웨어 디자인 연구. 이화여자대학교 디자인대학원 석사학위논문.

정현숙 (1992). 20세기 패션. 서울: 경춘사.

정흥숙 (1981). 서양복식문화사. 파주: 교문사.

최경희 (2005). 현대 여성 니트웨어 디자인의 표현양식에 관한 연구. 성신여자대학교 대학원 박사학위논문.

최경희, 이순홍 (2006). 현대 니트 패션의 디자인 개발 방향. 패션정보와 기술, 3.

최광돈 (2011). 현대 니트 패션의 조형성 연구. 홍익대학교 대학원 박사학위논문.

최규정 (2005). 알레고리적 사진매체 연구-Postmodernism을 중심으로. 영남대학교 대학원 석사학위논문.

최수아 (2003). 패션에 나타난 퓨전현상에 관한 연구. 서울대학교 대학원 석사학위논문.

최원석, 이연희 (2010). 리브편 조직과 펄편 조직을 이용한 입체 니트 구조의 개발. 복식문화연구, 18(1).

채금석 (1999). 패션디자인 실무. 서울: 경춘사.

패션큰사전편찬위원회 (1999). Fashion dictionary 패션큰사전. 파주: 교문사.

홍명화, 최경미 (2009). 니트디자인 가이드북. 서울: 경춘사.

한국희 (2001). 고부가가치 니트웨어 상품개발에 관한 연구. 이화여자대학교 대학원 석사학위논문.

한지영 (2005). 천체이미지를 응용한 의상디자인 연구-비딩기법을 중심으로. 이화여자대학교 대학원 석사학위논문.

허준 (1996). 파리모드 2000년. 서울: 유림문화사.

Anthon Beeke & Lidewij Edelkoor t (1998, October). View on Color: The colour forecasting book, No.13. United Publishers S.A.

Applemints 저, 남궁가윤 역 (2013). 북유럽 모티브 손뜨개. 제우미디어.

Beek, A. & Edelkoort, L. (1998). View on Colour, The Colour Forecasting Book, No 13. Paris: United Publishing S.A.

Black, S. (2005). The art of knitting. London: Thames & Hudson.

Brackenbury, Terry. (1992). Knitted clothing technology. Oxford; Boston: Blackwell Scientific Publications.

Calasibetta, Charlotte Mankey (1988). Fairchild's dictionary of fashion. New York: Fairchild.

Carol Brown (2013). Knitwear Design, London: Laurence King Publishing.

Colin McDowell (2000). Jean Paul Gaultier, New York: Viking Studio.

Debby Robinson (1987). The Encyclopedia of Knitting Techniques. Emmaus: Rodale Press.

Emirhanova, N. & Y. Kavusturan (2008). Effects on the Knit Structure on the Dimensional and Physical Properties of Winter Outerwear Knitted Fabrics. Fibers and Textiles, 16(2).

Francoise Tellier-Loumagne (2005). The art of Knitting: inspirational stitches, textures and surfaces, Sandy B. Trans. New York: Thames & Hudson.

Jaeil Lee, Camile steen 저, 조은주 역 (2012). 테크니컬 디자인 지침서. 이재일. 서울: 시그마프레스.

Juleana Sissons (2010). Knitwear. London: AVA Publishing.

Jenny Udale (2013). Fashion Knitwear, London: Laurence King Publishing

Klift-Tellegen, Henriette van der. (1985). Knitting from the etherlands: traditional Dutch fishermen's sweaters, Asheville, N.C.: Lark Books.

Lisa Donofrio-Ferrezza, Marilyn Hefferen (2008). Designing a Knitwear Collection. Fairchild Books, Inc.

Nicky Epstein (2008). Knitting on Top of the World. Nicky Epstein Books.

Nicky Epstein (2010). Knitting on the edge. Nicky Epstein Books.

M. Simon (1995). Fashion in Art; The Second Empire and Impressionism. London: Zwemmer Wappinger's Falls.

Richard Martin (1988). Fashion and Surrealism. Thames and Hudson: London.

Richard Rutt (1987). A History of hand Knitting. Inter weave.

Sally Melville (2013). Knitting Pattern Essentials: Adapting and Drafting Knitting Patterns for Great Knitwear, Potter Craft.

Shima Seiki (2004). Shima Seiki Instruction Manual-Shimatronic WholeGarment® Machine SWG-V. Wakayama, Japan.

Spencer, D. (2001). Knitting Technology, A Comprehensive Handbook and Practical Guide. 3rd ed. Cambridge: Woodhead Publishing Limited.

Eve Harlow. 櫻井行男, 生方博子(共編) (1979). The Art of Knitting: 編物の歴史. 東京: 日本 ヴォグ社.

日本ヴォーグ社 (2013). アイルスルランドロピセーター. 東京: 日本ボーグ社.

日本ヴォーグ社 (2013). アラン模様 100. 東京: 日本ボーグ社.

그림 목록